大豆绿色优质高产栽培与病虫害防控

赵 锴 金 磊 相殿国 师亚俊 崔心燕 张先锋 主编

图书在版编目(CIP)数据

大豆绿色优质高产栽培与病虫害防控 / 赵镨等主编. --北京：中国农业科学技术出版社，2024.4

ISBN 978-7-5116-6781-6

Ⅰ.①大…　Ⅱ.①赵…　Ⅲ.①大豆-高产栽培-无污染技术②大豆-病虫害防治　Ⅳ.①S565.1②S435.651

中国国家版本馆 CIP 数据核字(2024)第 078742 号

责任编辑　白姗姗
责任校对　李向荣
责任印制　姜义伟　王思文

出 版 者　中国农业科学技术出版社
　　　　　北京市中关村南大街 12 号　　邮编：100081
电　　话　(010) 82106638 (编辑室)　(010) 82106624 (发行部)
　　　　　(010) 82109709 (读者服务部)
网　　址　https://castp.caas.cn
经 销 者　各地新华书店
印 刷 者　北京富泰印刷有限责任公司
开　　本　140 mm×203 mm　1/32
印　　张　5
字　　数　125 千字
版　　次　2024 年 4 月第 1 版　2024 年 4 月第 1 次印刷
定　　价　39.80 元

《大豆绿色优质高产栽培与病虫害防控》

编委会

主　编： 赵　锴　金　磊　相殿国　师亚俊　崔心燕　张先锋

副主编： 陈　永　廖运奎　黄　萍　梅利伟　阿迪江·牙生　王　燕　常金秀　孟　闯　李圆月　王红心　尹朝霞　高珊珊　尹功超　罗爱玲　孙吉庆　姜铄松　秦晓娟　刘永顺　石三国　窦如意　韩洪飞

编　委： 王金然　刘亚娟　史泽华　王仁山　范玲玲　宁　涵　丁子健

前　言

大豆是含有丰富蛋白质的粮食作物和含较高脂肪的油料作物。大豆起源于中国，中国大豆的栽培历史已有5 000多年，素有“大豆故乡”之称。大豆作为我国重要的传统粮油兼用作物，是人们生活中重要的植物蛋白来源，对人类的生活和健康起到的作用越来越大，在世界经济和贸易中占有一席之地。

本书共分11章，包括大豆绿色优质高产栽培概述，大豆施肥技术，大豆播前种子处理，大豆整地播种和苗期管理，大豆生长前期管理，大豆生长后期管理，大豆绿色优质高产栽培技术，大豆套种技术，大豆生理性病害及自然灾害的预防，大豆常见病虫草害绿色防控，大豆机械化生产、机收减损及加工等内容。

本书介绍了大豆高产高效栽培的先进技术，可供大豆生产人员、管理工作者及有关科技人员参考。

由于编者水平有限，书中难免存在错误和疏漏之处，敬请读者批评指正。

编　者

2024年4月

目　录

第一章　大豆绿色优质高产栽培概述

第一节　大豆生长发育特征

一、种子萌发特点

大豆种子富含蛋白质、脂肪，在种子发芽时需吸收相当于本身重1~1.5倍的水分，才能使蛋白质、脂肪分解成可溶性养分供胚芽生长。

二、幼苗生长特点

发芽时，子叶带着幼芽露出地表，子叶出土后即展开，经阳光照射由黄转绿，开始光合作用。胚芽继续生长，第一对单叶展开，这时幼苗具有两个节和一个节间。在生产中，大豆第一个节间的长短，是一个重要的形态指标。植株过密，土壤湿度过大，往往导致第一节间过长，茎秆细，苗弱发育不良。如遇这种情况应及早间苗、破土散墒，防止幼苗徒长。幼茎继续生长，第一复叶出现，接着第二复叶出现，当第二复叶展平时，大豆已开始进入花芽分化期。所以在大豆第一对单叶出现到第二复叶展平这段时间里，必须抓紧时间及时间苗、定苗，促进苗全、苗壮、根系发达，防治病虫害，为大豆丰产打好基础。

三、花芽分化特点

大豆出苗后 25 ~ 35d 开始花芽分化，复叶出现 2 ~ 3 片之后，主茎基部的第一、第二节首先有枝芽分化，条件适宜就形成分枝，上部腋芽成为花芽；下部分枝多且粗壮，有利增加单株产量。花芽分化期，植株生长快，叶片数迅速增加，植株高度可达成株的 1/2，主茎变粗，分枝形成，根系继续扩大。营养生长越来越旺盛，同时大量花器不断分化和形成，所以这个时期要注意协调营养生长和生殖生长的平衡生长，达到营养生长壮而不旺，花芽分化多而植株健壮不矮小。大豆在花芽分化时期，分枝也生长，此期也称为分枝期。营养生长和生殖生长并进，茎叶生长加快，花芽分化迅速。根系生长仍明显快于地上部分，主根长为株高的 5 ~ 7 倍。固氮能力增强。

四、开花结荚期特点

一般大豆品种从花芽开始分化到开花需要 25 ~ 30d。大豆开花日数（从第一朵花开放开始到最后一朵花开放终了的日数）因品种和气候条件而有很大变化，从 18d 到 40d 不等，有的可达 70 多天。有限开花结荚习性的品种，花期短；无限开花结荚习性的品种，花期长。温度对开花也有很大影响，大豆开花的适宜温度在 25 ~ 28℃，29℃以上开花受到限制。空气湿度过大、过小均不利开花。土壤湿度小，供水不足，开花受到抑制。当土壤湿度达到田间持水量的 70% ~ 80%时开花较多。大豆从开始开花到豆荚出现是大豆植株生长最旺盛时期。这个时期大豆干物质积累达到高峰，有机养分在供茎、叶生长的同时，又要供给花荚。因此，只有土壤水分充足、光照条件好，才能保证养分的正常运输，促进花芽分化多，花多，成荚多，减少花荚脱落，这是大豆高产的最重要因素。

五、鼓粒、成熟期特点

大豆在鼓粒期，种子重量平均每天可增加 6～7mg。种子中的粗脂肪、蛋白质及糖类随种子增重不断增加。鼓粒开始时，种子中的水分可达 90%，随着干物质不断增加，水分很快下降。干物质积累达到最大值以后，种子中水分降到 20% 以下，种子接近成熟状态，粒形变圆。鼓粒到成熟阶段是大豆产量形成的重要时期，这时期发育正常与否，影响荚粒数的多少和百粒重的高低及化学成分。籽粒正常发育的保证源于两个方面：一是靠植株本身贮藏物质丰富及运输正常，叶片光合产物的供给；另一个是靠充足的水分供给，这是促使籽粒发育良好、提高产量的重要条件。

第二节　大豆生长的自然环境

一、光照

（一）光照度

大豆是喜光作物，光饱和点一般在 30 000～40 000 lx。有的测定结果达到 60 000 lx。大豆的光饱和点是随着通风状况而变化的。当通气量为 1～1.5L/（cm^2·h）时，光饱和点为 25 000～34 000 lx；而通气量为 1.92～2.83L/（cm^2·h）时，则光饱和点为 31 000～44 700 lx，大豆的光补偿点为 2 540～3 690 lx。大豆的光补偿点也受通气量的影响。在低通气量下，光补偿点测定值偏高；在高通气量下，光补偿点测定值偏低。需要指出的是，上述这些测定数据都是在单株叶上测得的。而在田间条件下，大豆群体冠层所接受的光照度是极不均匀的。

（二）日照长度

大豆属于对日照长度反应极度敏感的作物。据观察，即使

极微弱的月光（约相当于日光的1/465 000）对大豆开花也有影响。不经月光照射的植株比经照射的植株早开花2～3d。大豆开花结实要求较长的黑夜和较短的白天。严格来说，每个大豆品种都有其对生长发育适宜的日照长度。只要日照长度比适宜的日照长度长，大豆植株即延迟开花；反之，则开花提早。

应当指出，大豆对短日照要求是有限度的，绝非越短越好。一般品种每日12h的光照即可促进开花抑制生长，9h光照对部分品种仍有促进开花的作用。当每日光照缩短为6h，则营养生长和生殖生长均受到抑制。大豆结实器官发生和形成，要求短日照条件，早熟品种的短日照性弱，晚熟品种的短日照性强。在大豆生长发育过程中，对短日照的要求有转折时期，一个是花萼原基出现期，另一个是雌雄性配子细胞分化期，前者决定能不能从营养生长转向生殖生长，后者决定结实器官能不能正常形成。

短日照只是从营养生长向生殖生长转化的条件，并非一生生长发育所必需。认识了大豆的光周期特性，对于种植大豆是有意义的。同纬度地区之间引种大豆品种容易成功，低纬度地区大豆品种向高纬度地区引种，生育期延迟，秋霜前一般不能成熟。反之，高纬度地区大豆品种向低纬度地区引种，生育期缩短，只适于作为夏播品种利用。

二、温度

大豆是喜温作物。不同品种在全生育期内所需要的≥10℃的活动积温相差很大。晚熟品种要求3 200℃以上，而夏播早熟品种则要求1 600℃。同一品种，随着播种期的延迟，所要求的活动积温也随之减少。春季，当播种层的地温稳定在10℃以上时，大豆种子开始萌动发芽。夏季，气温平均在24～26℃，对大豆植株的生长发育最为适宜。当温度低于14℃时，生长停滞。秋季，白天温暖，晚间凉爽但不寒冷，有利于同化

产物的积累和鼓粒。

三、水分

据多点多年的统计资料，播种期（6月上中旬）降水量少于30mm是限制适时播种的主要因素。夏大豆鼓粒最快的9月上中旬降水量多在30mm以下，即水分保证率不高是影响产量的重要原因。在以上两个时期若能遇旱灌水，则可保证大豆需水，提高产量。

大豆需水较多。据研究，形成1g大豆干物质需水580~744g。大豆不同生育时期对土壤水分的要求是不同的。发芽时，要求水分充足，土壤含水量在20%~24%较适宜。幼苗期比较耐旱，此时土壤水分略少一些，有利于根系深扎。开花期，植株生长旺盛，需水量大，要求土壤充分湿润。结荚鼓粒期，干物质积累加快，此时要求充足的土壤水分。如果墒情不好，会造成幼荚脱落，或导致荚粒干瘪。

土壤水分过多对大豆的生长发育也是不利的。据调查，大豆植株浸水2~3个昼夜，水温没有变化，水退之后尚能继续生长。如渍水的同时又遇高温，则植株会大量死亡。

四、土壤

大豆对土壤条件的要求不很严格。但土层深厚、有机质含量丰富的土壤，最适于大豆生长。大豆对土壤质地的适应性较强。沙质土、沙壤土、壤土、黏壤土乃至黏土，均可种植大豆，以壤土最为适宜。大豆要求中性土壤，pH值宜为6.5~7.5。pH值低于6.0的酸性土往往缺钼，也不利于根瘤菌的繁殖和发育。pH值高于7.5的土壤往往缺铁、锰。大豆不耐盐碱，总盐量<0.18%，氯化钠<0.03%，植株生育正常，总盐量>0.60%，氯化钠>0.06%，植株死亡。

大豆需要矿质营养的种类全且数量多。大豆根系从土壤中

吸收氮、磷、钾、钙、镁、硫、氯、铁、锰、锌、铜、硼、钼、钴等十几种营养元素。

氮：大豆富含蛋白质，氮素是蛋白质的主要组成元素。长成的大豆植株的平均含氮量为2%左右。苗期，当子叶所含的氮素已经耗尽而根瘤菌的固氮作用尚未充分发挥的一段时间里，会暂时出现幼苗的“氮素饥饿”。因此，播种时施用一定数量的氮肥如硫酸铵或尿素，或氮磷复合肥如磷酸二铵，可起到补充氮素的作用。大豆鼓粒期间，根瘤菌的固氮能力已经衰弱，也会出现缺氮现象，进行花期追施或叶面积喷施氮肥，可满足植株对氮素的需求。

磷：磷素被用来形成核蛋白和其他磷化合物；在能量传递和利用过程中，也有磷酸参与。长成植株地上部分的平均含磷量为0.25%~0.45%。大豆吸磷的动态与干物质积累动态基本相符，吸磷高峰期正值开花结荚期。磷肥一般在播种前或播种时施入土壤。只要大豆植株前期吸收了较充足的磷，即使盛花期之后不再供应，也不致严重影响产量，因为磷在大豆植株内能够移动或再度被利用。

钾：钾在活跃生长的芽、幼叶、根尖中居多。钾和磷配合可加速物质转化，可促进糖、蛋白质、脂肪的合成和贮存。大豆植株的适宜含钾范围很大，在1.0%~4.0%。大豆生育前期吸收钾的速度比氮、磷快，比钙、镁也快。结荚期之后，钾的吸收速度减慢。

钙：大豆有“石灰植物”之称。长成植株的含钙量为2.23%。从大豆生长发育的早期开始，对钙的吸收量不断增长，大约在生育中期达到最高值，后来又逐渐下降。

大豆植株对微量元素的需要量极少。各种微量元素在大豆植株中的百分含量为：镁0.97%、硫0.69%、氯0.28%、铁0.05%、锰0.02%、锌0.006%、铜0.003%、硼0.003%、钼0.000 3%、钴0.001 4%。由于多数微量元素的需要量极少，

加之多数土壤尚可满足大豆的需要，常被忽视。近些年来，有关试验已证明，为大豆补充微量元素可起到良好的增产效果，同时还可以改善大豆品质。

五、大豆的光周期特性及其在生产上的应用

大豆是短日照作物，在由营养生长向生殖生长转化时，要求连续黑暗的时间相对较长，在短日照条件下完成光照阶段以后，才能正常开花结实；短日照条件得不到满足时，植株高大繁茂，延迟开花成熟，甚至不能开花结荚。但是，在缩短日照的条件下，植株会提早开花结荚，植株变得矮小，繁茂性差，产量降低。

当第一片复叶出现时，即为短日照反应开始时期。经过十多天后即可满足其对短日照的要求。4 叶期以后随着苗龄的增加，短日照处理的效果会逐渐降低。

第二章　大豆施肥技术

第一节　大豆营养特性

一、大豆需要的营养元素

大豆正常生长发育及产量形成，需要从土壤、空气环境中吸收 16 种化学元素，即碳、氢、氧、氮、磷、钾、钙、镁、硫、铁、锌、铜、锰、钼、硼和氯，这 16 种元素是大豆生长发育必需的元素。前 3 种元素是从水和空气中获取，后 13 种元素要从土壤环境中吸收。除以上 16 种元素外，还有一些元素有益于大豆生长和结瘤固氮，如钴和砷。大豆植株中的多种必需元素，同时也是保持人体健康的重要营养元素，如碳、氢、氧、氮、硫、磷、钙、锌、铁等。

已有的研究资料表明，产量在 2 268~4 032kg/hm^2，平均产量在 2 994kg/hm^2 的大豆，其每生产 100kg 籽粒需吸收纯氮 7. 7~10. 1kg，平均 8. 76kg；吸收五氧化二磷 1. 07~3kg，平均 1. 9kg；吸收氧化钾 3. 38~6. 3kg，平均 4. 19kg。

大豆籽粒的蛋白质、脂肪含量在 60% 以上，远高于其他谷类作物，需要较多的营养元素参与籽粒发育及蛋白质、脂肪等营养物质的积聚、运转过程，因而生产同样产量的籽粒，大豆所摄取的各种营养元素的数量要远高出其他几种主要作物。

二、大豆吸收积累养分的生育期变化

大豆对养分的吸收强度与吸收量随着生育进程而加强。苗期生长慢，吸收养分少；开花结荚鼓粒期，营养生长与生殖生长都很旺盛，处于物质积累和养分吸收的高峰期。大豆苗期的氮、磷、钾养分积累量均只占全生育期的5%；至花芽分化期的养分积累量，氮为10%左右，磷、钾为15%左右。也就是说，其余75%以上的氮、磷、钾养分是在开花至鼓粒期吸收的，这不同于水稻、小麦、玉米等作物。杂交水稻孕穗初期以前吸收的氮、磷、钾占总量的70%以上，齐穗以后吸收量只占总量的20%左右；冬小麦72%的氮、90%以上的磷和钾是在开花前吸收的，只有22%左右的氮和7%左右的磷是在开花以后吸收的；夏玉米抽穗前吸收的氮占总量85%，吸收的磷、钾占总量的70%以上。总之，禾本科作物70%以上的氮、磷、钾养分是在抽穗开花前吸收的，应特别重视前期施肥，而大豆70%以上养分是在开花后吸收的，在施肥上要注意加强后期（始花后）养分的供应。

三、共生固氮作用

大豆出苗后7~10d，土壤环境中存在的大豆根瘤菌侵入大豆根部形成根瘤，能进行生物固氮作用，将空气中的分子氮转化成大豆可以利用的铵态氮。一般可由根瘤菌的共生固氮提供所需氮素的30%~70%，每亩*固氮6~10kg。大豆共生固氮率及其固氮量，取决于根瘤菌的特性和寄主大豆的特性及二者的共生亲和性，还与土壤环境因子密切相关，如土壤的氮、磷、钾、钙、铁、锌、钼、硼等元素的浓度及土壤酸碱度等，都会影响结瘤和共生固氮过程。故大豆施肥不仅要满足大豆的营养

---

* 1亩≈667m^2。

需求，还要考虑其对共生固氮的影响。

第二节　大豆的施肥方式

根据施肥时期不同，大豆施肥方式可分为以下几种。

一、基肥

大豆对土壤有机质含量反应敏感。种植大豆前土壤施用有机肥料，可促进植株生长发育和产量提高。当每公顷施用有机质含量6%以上的农肥2.0~2.5t时，可基本保证土壤有机质含量不下降。大豆播种前，施用有机肥料结合施用一定数量的化肥尤其是氮肥，可起到促进土壤微生物繁殖的作用。适宜的施肥比例是1t有机肥掺和3.5kg氮肥。

秋施肥是于晚秋翻地前，将化肥撒施地表，翻地入土，或施入垄中的一种施肥方法。大豆秋施肥有两个好处，一是可以做到深施，以适应大豆根深、吸肥面广的特点，深施还可减少养分损失和跑墒；二是秋施可以避免肥料与种子靠近或接触，减少对大豆发芽出苗的不利影响，值得推广，但秋施氮肥适于高寒一季春大豆区使用，而且施肥时期必须掌握在结冻前。氮、磷化肥秋施还能提高结瘤数和根瘤数量及重量（干重和鲜重），显著提高了化肥的增产效果。

二、种肥

种植大豆，最好以磷酸二铵颗粒肥作为种肥。在高寒地区、山区及春季气温低的地区，为了促使大豆苗期早发，可适当施用氮肥为“启动肥”，即每公顷施用尿素35~40kg，随种下地，但要注意种、肥隔离；拌根瘤菌后种子应当阴干，不要用阳光直接照射，以免失效。

缺微量元素的土壤，在大豆播种前可以挑选适宜的微量元

素肥料拌种。几种常用的微量元素用量为：每千克大豆种子用钼酸铵1~4g；每千克大豆种子用硼砂1~3g；每千克大豆种子用硫酸锌3~4g；每千克大豆种子用硫酸锰3~6g；每千克大豆种子用硫酸镁2~4g。各种微量元素溶于水后进行拌种，拌种用液量为种子量的1%，待阴干后播种。拌种时注意用液量不能过多，以免种皮出现皱褶；拌种后不要晒种，以免种皮破裂。使用钼酸铵或硼砂拌种时，先用少量热水使其溶解，后加适量凉水稀释。钼酸铵拌种过程中忌用铁器。拌种液宜随配随拌，不宜配后久置。各种微量元素要根据土壤亏缺情况正确使用，切不可使用过量，微量元素过量会对大豆产生毒害作用。

三、追肥

大豆开花期之初施氮肥，是国内外公认的增产措施。做法是：在大豆开花初期或在趟最后一遍地的同时，将化肥撒在大豆植株的一侧，随即中耕培土。氮肥的施用量为将尿素25kg/hm^{2}或硫酸铵4~10kg/hm^{2}加入30kg水中，过滤之后喷施在大豆叶面上。可供叶面喷施的化肥有尿素、磷酸二氢钾、钼酸铵、硼砂、硫酸锰、硫酸锌等。需要指出的是，以上几种化肥可以单独施用，也可以混合在一起施用。具体施用哪一种或哪几种，可根据实际需要而定。

第三章　大豆播前种子处理

第一节　清选种子

在大豆播种前清选种子可以提高豆种的播种品质，凡是清选过的均匀整齐的种子，比不加清选的种子生育良好，田间保苗率高，出苗整齐。特别是采用大豆精量点播机播种时，必须对大豆种子进行严格清选，实现“种一粒种子，保出一棵苗”。

目前在农村还多采用人工粒选。在清选过程中，除掉破碎粒、病粒、虫口粒、秕粒、夹杂物等，并按照粒形、粒色和脐色等品种性状，去掉杂花豆。清选种子的主要目的是提高种子的清洁率和整齐度，以保证全苗。手工粒选的效果好，但工效很低，因此各地研制了一些大豆粒选工具。使用螺旋式粒选器很普遍，工效也很高，但是对病虫害种子清除效果较差。也可根据大豆种粒的摩擦力不同的原理，制成帆布料面回转粒选机，能将破碎粒、病粒、虫口粒和秕粒分离出去。

种子清选加工已逐步成为一门新兴工业，它包括对豆种进行预清、精选分级、药物处理（种子包衣）、包装运输等工作。种子清选加工是向种子生产专业化、供应商品化、加工机械化和质量标准化的方向发展。搞好种子清选，可以减少播种量，提高种子质量，还便于机械化播种作业，对增产有很大作用。

第二节　根瘤菌接种

接种根瘤菌能提高大豆根瘤菌的固氮力，促进大豆根形成更有效的根瘤，充分发挥大豆与根瘤菌的共生固氮作用。

一般种过大豆的旱田土壤中有天然根瘤菌生存，因此人工接种的效果很不稳定。目前大豆栽培并未把根瘤菌接种作为一项常规的栽培措施。但是，在下列两种情况下，应该接种：一是从前未种过大豆的土地，如水改旱及新开荒地；二是以前种植大豆着瘤不好的土地。我国春大豆产区根瘤苗接种的效果较好，一般每亩可增产大豆 10kg 左右。

通常采用根瘤菌接种的方法有以下 3 种。

一、土壤接种法

从着瘤好的大豆高产田取表层土壤拌在大豆种子上，每 10kg 种子拌原土 1kg。土壤接种法不如根瘤菌剂接种的效果好，因为根瘤菌剂是经过分离培养筛选出的最有效菌株所制成，效果比天然混杂的根瘤菌好很多。

二、根瘤菌剂接种

根瘤菌剂是工厂生产的细菌肥料，包装上注明有效期和使用说明。大豆根瘤菌剂使用方法简单，不污染环境。每公顷用根瘤菌剂 3. 75kg 拌种，纯增收入 150 元，投入与产出比为 1 : 20。接种根瘤菌比不接种的土壤每公顷可增加纯氮 15kg，相当于标准化肥硫酸铵 75kg。使用前应存放在阴凉处，不能暴晒于阳光下，以防根瘤菌被阳光杀死。接种方法是，将菌剂稀释在种子重 20% 的清水中，然后洒在种子表面，并充分搅拌，让根瘤菌剂沾在所有种子表面。拌完后尽快（24h 内）将种子播入湿土中。

三、接种体处理土壤

将根瘤菌用肉汁培养基培养后，制成颗粒状接种体，可直接用于土壤接种。这种方法成本较高，在不宜进行种子接种的情况下使用。

大豆根瘤菌的发育与环境有密切的关系，根瘤菌生活适应一定的土壤酸度范围，当土壤 pH 值低于 4.6 或高于 8 时，接种效果都不明显；土壤高温干燥也影响根瘤的发育，适当增施磷钾肥料能促进根瘤菌的活动，土壤的根瘤生长区有大量化学氮肥时，根瘤的形成受到抑制。

第三节　种子消毒和稀土拌种

一、种子消毒

为了防治大豆根腐病，用 50%多菌灵拌种，用药量为种子重的 0.3%；或用多福合剂拌种（多菌灵与福美双为 1∶1），可以显著降低根腐病发病率。亦可使用灭枯灵乳油进行种子消毒。

二、稀土拌种

稀土是一种微量元素肥料，它是由性质非常相近的镧、铈、镨、钕、镝、钷、钐、铕、钆、铽、钬、铒、铥、镱、镥 15 种元素所组成，简称镧系元素，外加与其性质极为接近的钪、钇，共 17 种元素，统称稀土元素。农业上施用稀土不仅能供给农作物微量元素，还能促进作物根系发达，提高作物对氮、磷、钾的吸收。提高光能利用率，从而提高产量。用稀土拌大豆种子，能促进大豆根系生长，提高光合速率，平均增产率 8.1%。拌种方法简便易行，其方法是，用稀土 25g 加水

250g，拌大豆种子 15kg。

此外，用稀土在苗期喷洒叶面进行追肥，也有很好的效果。稀土可与多种化学除草剂、杀菌剂和杀虫剂混合施用，无拮抗现象。我国稀土资源丰富，容易取得，在农业上有广泛使用前景。

第四节　种子包衣

种子包衣是 21 世纪初发展起来的一项种子处理的新技术，亦可看成是大豆增产带有突破性的单项技术措施。我国生产的种衣剂多为复合型的，在种衣剂中同时加入杀虫剂、杀菌剂、激素和某些微量元素，不同型号种衣剂在使用药剂的种类和数量上有所差别。

一、种子包衣的作用

第一，能有效地防治大豆苗期病虫害，如第一代大豆孢囊线虫、根腐病、根潜蝇、蚜虫、二条叶甲等，因此可以缓解大豆重、迎茬减产现象。第二，促进大豆幼苗生长。特别是重、迎茬大豆幼苗，由于微量元素营养不足致使幼苗生长缓慢，叶片小，使用种衣剂包衣后，能及时补给一些微肥，特别是含有一些外源激素，能促进幼苗生长，幼苗油绿不发黄。第三，增产效果显著。大豆种子包衣提高保苗率，减轻苗期病虫害，促进幼苗生长，因此能显著增产。

二、种子包衣方法

种子经销部门一般使用种子包衣机械统一进行包衣，供给包衣种子。如果买不到包衣种子，农户也可购买种衣剂进行人工包衣。方法是用装肥料的塑料袋，装入 20kg 大豆种子，同时加入 300~350mL 大豆种衣剂，扎好口后迅速滚动袋子，使每粒种子都包上一层种衣剂，装袋备用。

三、使用种衣剂注意事项

第一，种衣剂的选型，要注意有无沉淀物和结块。包衣处理后种子表面光滑，容易流动。第二，正确掌握用药量，用药量大，不仅浪费药剂，而且容易产生药害，用药量少又降低效果。一般要依照厂家说明书规定的使用量（药种比例）。第三，使用种衣剂处理的种子，不许再采用其他药剂拌种。第四，种衣剂含有剧毒农药，注意防止农药中毒（包括家禽），注意不与皮肤直接接触，如发生头晕恶心现象，应立即远离现场，重者应马上送医院抢救。

第五节　微肥拌种

经过测土证明缺微量元素的土壤，或用对比试验证明施用微肥有效果的土壤，在大豆播种前可以用微肥拌种，用量如下。

一、钼酸铵

每千克豆种用5g，拌种用液量为种子量的0.5%。先将钼酸铵磨细，放在容器内加少量热水溶化，加入相应的水，用喷雾器喷在大豆种子上，阴干后播种。

二、硼砂

每千克豆种用0.4g，首先将硼砂溶于16mL热水中，然后与种子均匀混拌。

三、硫酸锌

每千克豆种用4~6g，拌种用液量为种子量的0.5%。

第四章　大豆整地播种和苗期管理

第一节　整　地

一、大豆对土壤的要求

大豆种子萌发所需要的水分比禾谷类作物多，根系生长要求土壤耕层深厚，松紧适度，有机质含量丰富，水分充足，通气性好。土壤耕作的目的，一要为大豆种子萌发准备良好的种床；二要为根系生长和根瘤菌的活动创造良好的土壤环境；三要减少杂草的为害；四要便于播种和田间管理。常用的土壤耕作措施包括深翻、耙耱、深松、旋耕、作畦、起垄等。

二、整地技术

（一）平翻耕法

平翻耕法是目前农村主要的翻耕方式，是以有壁犁翻转耕层，形成地面平整、耕层疏松的一种方法。

1. 耕翻

用于春大豆地区，分为秋翻、春翻和伏翻 3 种。耕翻的主要作用是翻转土层，疏松土壤，掩埋杂草、根茬及肥料。耕翻作业的主要方法如下。

（1）全层耕翻。壁犁将耕层全面翻转，使上下土层交换。

（2）浅翻深松。土浅翻 15~18cm，底土再深松 12~15cm。

浅翻深松的具体方法是，平作时用平翻犁配带深松铲，垄作时用垄翻器配带深松铲进行。

（3）浅耕灭茬。土浅耕 10~15cm，所用工具为双列或单列圆盘耙、缺口耙或圆盘浅耕机；伏翻应在麦收后及早进行；玉米茬要及早秋翻；春翻容易散墒，不易保全苗。

2. 耙地

耙地的主要作用是粉碎土块，平整地表。土地耕翻后，耕层土壤产生许多空隙，底土翻到地面后形成的垡片被吹干后形成土块。耙地可以破碎土块，减少耕层空隙，平整地表。耙地的主要工具是圆盘耙和钉齿耙。

3. 耢（耱）地

耙过地后，地面可能还有一些土块和犁缝。此时用铁、木或树枝做成的耢进行耢地，可使地面平整，达到待播状态。

4. 镇压

镇压的主要作用是使耕翻后的耕层松紧适度，上松下实。镇压能增加耕层土壤中的毛细管孔隙，使下层水上移，起到提墒的作用。

（二）深松耕法

深松耕法是较平翻耕法优越的耕作方法，应大力提倡，逐渐扩大面积。深松耕法的优点是不破坏耕层，打破犁底层，达到建立水、肥、气、热良好的土壤库容的有效方法。

1. 深松

深松是指用齿形深松铲进行土壤耕作而不反转土壤的耕作方法。深松能加深耕层，打破犁底层，蓄水保墒，抗旱防涝，增温散寒，促进养分转化，减少土壤水蚀和风蚀，同时可以减少土壤作业，降低生产成本。利用麦茬种植大豆，可在小麦收获后耙茬深松或浅翻深松，也可以进行深松搅茬起垄，即在小

麦收获后边搅茬边起垄。

2. 旋耕

旋耕是用旋耕机一次完成耕耙作业，优点是地表平整，土壤细碎，作业次数少，经济效益高。

3. 起垄

(1) 平翻起垄。秋翻基础上，利用垄作七铧犁或其他起垄机具起垄。

(2) 垄翻起垄。麦茬不翻地，只进行浅耕灭茬，用七铧犁或大犁起垄。

(3) 旋耕起垄。在旋耕、深松基础上起垄，也可在旋耕机上安装犁铧进行联合作业，一次完成深松、旋耕和起垄作业。

4. 作畦筑台

雨水较多的地区大豆产区和低洼地带，经常出现涝害，需要将大豆种在高畦上。这样畦沟便于排水，可使大豆在通气状况良好的高畦上生长，天旱时还可以利用畦沟灌水。作畦筑台可用专用机具一次完成。

三、夏大豆地区的整地特点

我国夏大豆多在冬小麦、油菜等冬播作物收获后播种，生育期较短，需要抢墒播种。夏大豆田的整地，既要保证及早播种，又要保证播种质量。夏大豆地区的土壤耕作包括以下环节。

(一) 麦前深耕

麦播种前深耕，并结合翻地增施农肥，为后作大豆奠定良好的肥力基础。

(二) 麦后浅耕

收后立即进行10cm左右的浅耕，翻压麦茬。耕翻后及时耙耱，保墒待播。

（三）灭茬整地

在播种时间紧迫时，土壤基本达到松、碎、平，以利尽快播种。麦茬整地的机具为耙和钉齿耙，也可人工锄地灭茬。

第二节 播 种

一、播种期

按播种期可分春大豆、夏大豆、秋大豆和冬大豆。晚春播种的大豆为春大豆，小麦收获后播种的大豆为夏大豆。8 月中下旬播种，11 月收获的为秋大豆；11 月播种，翌年 3—4 月收获的为冬大豆。播种期对大豆产量和品质影响很大，适期播种，保苗率高，幼苗整齐健壮，生育良好，茎秆粗壮，花多荚多，适时成熟，产量高，品质好，大豆适宜的播种期受多种因素影响，主要应根据当地的耕作栽培制度、自然条件和品种特性来决定。

二、播种量

根据计划的密度要求、种粒大小、净度和发芽率计算出播种量：

$$播种量（kg/hm^2）=\frac{每公顷保苗株数\times百粒重}{净度\times发芽率\times100\times1\,000}\times（1+田间损失率）$$

注：①发芽率的试验是计算播种量的依据。随机取 300~500 粒种子，放入小布袋内，用水浸泡 3~5h，充分吸水膨胀后，放在 20℃左右的温度处，5~7d 后取出，计算发芽率，要求发芽率在 95% 以上。②田间损失率一般为 0.1%~0.3%，精量等距点播的取 0.1%，半精量人工间苗的

取0.2%~0.3%。

三、种子处理

（一）种子精选

播前进行机械精选，剔除破瓣、病斑粒、虫蚀粒、青秕粒和其他杂质。精选后的种子应达三级良种以上，纯度98%，发芽率97%以上，含水量不高于13%。

（二）发芽试验

一般要进行两次，挑选前试一次，确定有没有选用价值。如果没有选用价值就重新更换，有价值就选用。选后再做一次发芽试验，发芽率达到97%以上可播种。

（三）包衣处理

精选后的种子应进行包衣处理，pH值在5.5~6.5的土壤，选用每100kg种子用2.5%适乐时150mL+益微100~150mL；在pH值大于6.5的土壤，选用每100kg大豆种子用2.5%适乐时150mL+35%的阿普隆40mL+益微100~150mL（g）；可用包衣机包衣。人工包衣要包全、包匀。

四、播种深度

大豆出苗时子叶露出地面，因子叶较大，出苗比较困难。所以，大豆播种时覆土的深浅对保全苗影响很大。覆土的深浅又与土壤的质地、土壤水分、天气状况和籽粒大小有密切关系。土质疏松、墒情差、天气炎热、种子小的情况下，播种可深些；反之，土壤黏重、墒情好、阴雨天气、种子较大要浅播。一般种子都要播在湿土上，以3~5cm为宜。

五、播种方法

大豆是大籽粒双子叶作物，幼苗出土困难，因此，对土壤条件要求严格。大豆籽粒蛋白质含量较多，创造较好的土壤条件，足墒播种，确保苗全、苗匀、苗壮，是大豆丰产的重要条件。

大豆的播种方法有点播、穴播、条播 3 类。播种时应做到种子分布均匀，深浅一致。采用合适的播种方法是保证苗全苗壮、植株合理分布、群体和个体协调发展的关键，是高产优质的基础。

(一) 点播

垄上双条精量点播方法是近年推广的新播法。依靠专用播种机具精量等距点播，解决了大豆缺苗断垄和保苗不全的问题，表现出明显的增产效果。

垄上双条精量点播的技术要点是：第一，对所用种子进行精挑细选，确保籽粒发芽出苗；第二，精细整地，起垄时做到垄距一致，起垄后镇压保墒；第三，机具完好，确保播种量、种植密度和播种深度符合要求。

(二) 穴播

穴播又称埯种，即在垄上按一定距离掘穴，每穴播种 4~6 粒，留苗 2~3 株。穴播大豆每穴之内株距较小，但穴与穴之间距离较大，有利于群体通风透光，便于锄地作业，在较好地力条件下有明显增产效果。大豆机械穴播比传统扣种增产 20%~30%，有时比垄上双条精量点播还增产。但是，在地力较差时产量比条播低。秋大豆产区的禾根豆以及与玉米等作物间作的大豆多采用穴播法。近年随着精量播种机的改进和推广，穴播已实现机械化。等距穴播的技术要点如下。

（1）选用适宜穴播的品种。植株繁茂、分枝性强的品种适合穴播。

（2）调整穴距和每穴株数在 70cm 或 66cm 垄距条件下，穴距应为 16. 5~18cm，每穴留苗 3~4 株。

（3）增施肥料，确保个体的良好发育。

（三）条播

一般采用机械平播。此种播法是在平翻土地的基础上，利用播种机条播，出苗后起垄或不起垄。在整地质量较差时，利用带圆盘开沟器的播种机播种，可保证播种质量，抗旱保墒。机械平播可调整行距，但播幅较窄，种子在播种条上过于拥挤。

六、种植密度

大豆枝繁叶茂，花荚分布于植株上下各部位。高产大豆不仅要个体发育良好，而且要群体大小适宜，叶面积指数适中，群体中下部通风透光好。实行合理密植是协调个体与群体关系、充分利用光能、获得高产的重要途径。

（一）确定合理种植密度的依据

要本着肥地宜稀、薄地宜密、分枝多的晚熟品种宜稀、株型收敛分枝少的早熟品种宜密的原则，因地力、因品种特性确定合理密度。

1. 品种特性

植株高大、繁茂、分枝性强、晚熟的品种宜稀植，株形紧凑、分枝少、主茎结荚多、早熟的品种宜密植。

2. 地力

在施肥少、土壤瘠薄的条件下，大豆植株生长矮小，单株生产力低，茎、叶不繁茂，应增加种植密度，依靠群体增产；土壤肥力高时，植株高大繁茂，过度密植会使群体郁闭，株间光照恶化，造成倒伏减产。因此，应适当降低种植密度，确保个体增产潜力的发挥。

3. 栽培管理方式

机械收获的大豆，应有较高的底荚高度。加大种植密

度，减少分枝，降低底层光密度，可提高底荚高度，便于机械化收获。人工收割的，对底荚高度要求不严，种植密度可小些。

4. 播种期及生育期

晚播、生育期短的条件下，大豆个体生长矮小，应加大种植密度。因此，秋大豆的种植密度应高于夏大豆，夏大豆高于春大豆。

5. 因种植方式而异

机械精量点播也有大垄、小垄、双行、单行、窄行密植及“深窄密”等不同种法，为了更好地利用光、热、气等自然资源，随着种法的改变，密度要相应地改变。一般来说，播种单元变小，播种密度加大。一般垄作每公顷密度在 28 万 ~ 33 万株，而“深窄密”每公顷密度在 45 万 ~ 50 万株。

（二）我国各地大豆的适宜种植密度

早熟品种每公顷保留苗应在 40 万株左右。

第三节　苗期管理

大豆生育期间加强苗期管理，确保苗全苗壮，是大豆高产稳产的前提。为此，间苗、催苗和补苗工作也是大豆实现高产稳产的重要措施之一。

一、间苗标准

间苗应在大豆齐苗后，从两片对生真叶展开到第一片复叶全部展开前进行。间苗时，要按规定株距留苗，拔除弱苗、病苗、杂苗和小苗，同时剔除苗眼草，并结合第一次中耕，进行松土培根。

二、催苗标准

由于大豆的生长发育具有很强的自动调节能力，在大豆群体中，因种种原因造成缺苗断条时，在缺苗的地段，大豆单株生长相对繁茂些，以补偿缺苗处的生长量。但如果缺苗较多，超出了大豆的自我补偿能力，则会造成减产。在间苗时，如果遇到断空的地方，可在断空的一端或两端“借苗”，补种 1~2 株苗，以增加大豆群体的补偿能力，保证群体能形成高额的生物产量和经济产量。

三、补苗标准

在大豆生产中，由于播种质量差、苗期病虫为害严重或自然条件恶劣，有时会出现较严重的缺苗断条现象，不能通过借苗解决问题的情况。遇到这种情况，必须进行补苗或补播。一般做法是，在播种时适当在边垄和地头多播一些种，或在垄沟中播一些种，长成的幼苗用来补苗。如果没有准备足够的幼苗作为补苗，可以采取补播的办法，即补播头一天傍晚用水浸种，补播时宜适当增加播种密度。若补播早，可以用同一品种，否则必须用生育期较短的品种。值得注意的是，补苗时应带土移苗，移栽深度应与幼苗移栽前生长的深度相一致。补苗后或补播后都应及时浇水，以增加成活率。

四、苗期土壤深松与中耕除草

在人工或机械除草前，有深松条件的地区最好进行垄沟深松，深度 20~25cm。中耕除草一般采用 3 次铲趟法，第一遍在豆苗出齐后进行，第二遍在大豆高 10cm 时进行，第三遍在大豆初花期进行，并在 8 月上旬草籽形成前拔一遍大草。

第五章　大豆生长前期管理

第一节　大豆根、茎、叶的形成

一、大豆根的形成

大豆的根由主根、侧根和根毛三部分组成。种子萌发时长出的第一条根叫胚根。随着根尖生长点细胞的不断分裂，根向下生长，逐渐形成圆锥形的主根。主根长达 60~120cm，在地表 7~10cm 深度内，主根粗壮，越往下根越细。主根上长有辐射状的侧根。侧根形成于发芽后 3~7d，它先向水平方向延伸，达到 40~50cm 后，突然转向，向下方生长。平伸的侧根又再分生出须根，也是先平伸后向下生长。因此，大豆根系在土壤中呈钟罩状分布。例如，沈阳农业大学对大豆开育 9 号进行了测定，结果表明，出苗后 4 周以内属于根重的缓慢增长期，出苗后 4~12 周是根重的直线增长期，而出苗后 12~17 周为减缓增长和停滞期；每公顷根干重为 666kg，其中 90.67%~93.84%分布在 0~20cm 土层中。从横向分布看，根重的 77.77%~82.88%集中在离植株 0~5cm 的土体内。

主根和侧根的尖端部分还长有根毛。根毛是由表皮细胞的外壁向外突出而形成。第一批根毛出现在发芽后第 4 天的初生根尖上。根毛的寿命很短，1~2d 就更新 1 次。根系所有表面产生大量的根毛，可以吸收很多的水和矿物质。根系的吸收功能就是靠密集的根毛和幼嫩的表皮与土壤颗粒紧密相接而吸收

水分和养分。

大豆同其他豆科作物一样，在主根和侧根上还长有根瘤。根在生长过程中向土壤中分泌的一些物质在一定条件下可以刺激根际根瘤菌的繁殖。根瘤菌则能把根分泌的色氨酸等物质转化为β-吲哚乙酸、赤霉素等物质，刺激根毛卷曲。与此同时，根瘤菌入侵根毛，形成侵入线（或叫感染线）。根瘤菌通过感染线进入内皮层细胞，并刺激内皮层细胞加速分裂。经过剧烈的分裂，先形成分生组织，后逐渐膨大形成根瘤。一般春大豆在出现第一片复叶时，夏大豆出现一对真叶时，根瘤也就相应形成。此后，逐渐增多，一直到开花结荚期。根瘤在土壤中的分布是，靠近地表的主根和侧根上最多，土壤中层减少，下层更少。

大豆植株与根瘤菌之间是共生关系。根瘤菌在根细胞内大量繁殖后转为类菌体。类菌体具有固氮酶，并能固氮。大豆植株供给根瘤菌糖类，根瘤菌通过固氮供给大豆植株氨基酸。据估计，大豆光合产物的12%左右被根瘤菌所消耗。根瘤菌所固定的氮可供大豆一生需氮量的1/2~3/4，这说明共生固氮是大豆的重要氮源，然而，单靠根瘤菌固氮满足不了植株对氮素的需要。

在土壤中无大豆根瘤菌的情况下进行接种可使大豆增产20%。应当指出的是，不同根瘤菌菌株的固氮效率差别很大，同时并非结瘤就能固氮。推广高效固氮的根瘤菌剂是一项简便而有效的增产方法。但值得一提的是，不同大豆品种对大豆根瘤菌菌株也有选择性，因此，应用根瘤菌菌剂时，一定要注意大豆品种和菌株的亲和性。

二、大豆茎的形成

大豆的茎是由种子中的胚轴发育而成的。胚轴可分为上胚轴和下胚轴，子叶节为分界线。下胚轴末端与根原基相连，上

胚轴带有胚芽、复叶原基和茎尖。茎尖逐渐形成原始体和胚芽。主茎节数经 4~5 周时间才分化完成。大豆幼茎呈绿色或紫色。幼茎颜色与花色相关，绿茎开白花，紫茎开紫花。在选种上，茎色是苗期拔除杂株的一个依据。成熟期大豆茎一般呈灰黄色或深褐色。主茎生长起初较慢，第 2~3 片复叶展开后逐渐加快，到分枝期生长速度最快，开花时又减慢，结荚鼓粒期茎的生长停滞。主茎上的节既是叶柄的着生处，又是花荚和分枝的着生处。主茎的每个叶腋里都有腋芽，下部的腋芽多发育成分枝，上部的腋芽发育成花序。

大豆茎圆而稍呈菱形，粗 4~20mm。主茎一般有 12~30 个节，早熟品种节较少。主茎高度为 30~150cm，多数 50~100cm。一般单株有 2~6 个分枝，多的可达 10 个以上，少的甚至无分枝。大豆生长期间主茎与分枝的生长速度及其姿态是看苗诊断的依据。

大豆的株型取决于植株的高矮、茎秆的粗细、分枝的多少、分枝的长短、分枝在主茎上的着生部位和分枝与主茎的夹角等因素。

1. 根据大豆主茎状况分类

（1）蔓生型。植株高大，茎秆细弱，节间长，半直立或匍匐地面，进化程度较低的野生豆或半野生豆多属于此类型。

（2）半直立型。主茎较粗，但上部细弱有缠绕的倾向，特别是在肥水充足和阴湿条件下易倒伏。这一类型多属无限结荚习性的品种。

（3）直立型。植株较矮，节间较短，茎秆粗壮，直立不倒。有限结荚习性和亚有限结荚习性品种多属于此类型。

2. 根据分枝的多少、强弱分类

（1）主茎型。分枝较少或不分枝，以主茎结荚为主，如铁丰 31 号。种植时要适当加大密度，以密增产。

（2）中间型。主茎较坚韧，在一般栽培条件下分枝3～4个，豆荚在主茎和分枝上分布比较均匀，如开育12号等。

（3）分枝型。分枝能力很强，分枝多而长，在一般栽培下分枝可达5个以上，分枝上结荚往往多于主茎，如丹豆10号等。种植此类品种时宜适当稀植。

另外，若按分枝与主茎的夹角大小及全株的姿态来分，又可分为开张型、半开张型和收敛型等。

三、大豆叶的形成

大豆叶片有子叶、单叶和复叶之分。子叶出土后，展开，经阳光照射即出现叶绿素，可进行光合作用。在出苗后10～15d内，子叶所贮藏的营养物质和自身的光合产物对幼苗的生长是很重要的。如出苗后摘除子叶，幼苗则发黄纤细，经过半个月才能恢复绿色，但植株仍然十分细弱，且对中后期生育也有影响。

大豆茎的最下部子叶节上着生一对子叶，此节上一节位着生一对单叶即真叶，呈对生。其余各节上着生有3片小叶所组成的复叶，呈互生。

大豆复叶由托叶、叶柄和小叶三部分组成。托叶一对，小而窄，位于叶柄和茎相连处两侧，有保护腋芽的作用。叶柄连着叶片和茎，是水分和养分的通道，它支持叶片使之承受阳光。大豆植株不同节位上的叶柄长度不等，有利于复叶镶嵌和合理利用光能。大豆复叶，特别是上部复叶中间的小叶，能够随日照而转向，这主要是由于叶枕上两边组织的膨压差异所引起的。

大豆小叶的形状、大小因品种而异。叶形可分为椭圆形、卵圆形、披针形和心脏形等。椭圆形、卵圆形叶有利于光线的截获，但容易造成株间郁闭，透光性差；披针形叶透光性较好。还有的品种叶片上小下大，冠层开放，有利于光线向植株的中下部照射。

大豆一生中单株叶片总叶面积随生育进程而不断增加，大约到开花盛期至结荚期达到高峰，而后由于底部叶片黄落，总面积逐渐减少，至成熟期完全脱落。在高肥条件下，晚熟披针形叶的品种总叶面积为 2 500~3 500 cm^2，椭圆形叶的品种可达 4 500~5 000 cm^2。圆形叶品种的每荚粒数较少而百粒重较高，披针形叶的品种则相反。总之，披针形叶的品种宜适当增大密度，靠群体增产；而圆形叶的品种则密度不宜太大，靠单株兼顾群体增产。

大豆植株不同部位叶片的寿命不同，下部叶片寿命最短，中部叶寿命最长，可达 60d 左右，上部叶寿命又稍短。

第二节　大豆生长的调控

一、大豆的营养缺素诊断及调节

大豆在生长发育中，因为某一营养元素的缺乏，就会出现一定的症状，在特定器官部位出现不正常的形态和颜色，人们可以根据大豆的缺肥症状来判断某一营养元素的缺乏，并采取措施加以补救。

（一）氮

大豆缺氮时，下部叶片开始叶色变浅，呈现淡绿色，而后逐渐变黄而枯干。严重缺氮时，植株生长停止，叶片逐渐脱落。大豆从土壤中吸取的氮素，对获得大豆高产是十分必要的。大豆在苗期，植株尚不能或很少利用根瘤菌共生固氮供给的氮素，因此，吸收土壤氮素很重要，特别是缺氮的土壤施少量氮肥作种肥是必要的。当 5~7 片叶后植株吸收氮的速度剧增，盛花期、结荚期达到高峰，鼓粒期逐渐下降。实践证明，由于初花期是大豆生育期中吸氮高峰的开始期，因此，大豆初

花期施速效氮肥往往增产明显。一般每公顷用尿素45~75kg，或硫酸铵90~150kg，撒于大豆植株一旁，随后结合中耕培土将其掩埋。

（二）磷

大豆缺磷时叶色变深，呈浓绿色或墨绿色。叶片变小，叶形尖而窄，且向上直立。植株瘦小，生长缓慢。严重缺磷时，茎秆可能出现红色。开花后缺磷，叶片上出现棕色斑点。大豆是需磷很多的作物。土壤磷素含量状况是决定大豆产量的一个重要因素。大豆从苗期至开花期，对磷素最敏感，此期缺磷将严重影响生育。大豆结荚期是磷的吸收高峰期，以后磷的吸收逐渐下降。由于磷素在土壤中的移动性很差，为了提高肥效，磷肥一般作种肥施用。用量为每公顷过磷酸钙375~450kg。

（三）钾

大豆缺钾时，老叶尖部边缘变黄，逐渐皱缩而向下卷曲，但叶片中部仍可保持绿色。生育后期缺钾时，上部小叶叶柄变成棕褐色，叶片下垂而死亡。大豆植株对钾的吸收主要在幼苗期至开花结荚期。大豆吸收钾最快的时间比氮、磷早1~2周。大豆缺钾现象出现也较早，在分枝期前后就可以看到缺钾症状。因此，钾肥宜作基肥或种肥施入土中。用量一般为硫酸钾150~180kg/hm^2或氯化钾120~150kg/hm^2。

（四）钙

钙是细胞壁的主要成分，能增强机械组织的发育，使茎秆健壮，增强大豆对病虫害的抵抗能力。大豆缺钙时，新的细胞不能形成，细胞分裂受到阻碍，根容易软化腐烂。缺钙时，茎和根的生长点及幼叶首先表现出症状，生长点死亡，植株呈簇生状。缺钙植株的叶尖与叶缘变黄，枯焦坏死，植株茎秆软弱，易早衰，结实少或不结实。在碱性土壤中施少量的石灰，对补钙有良好作用。在钙充足的土壤中，大豆植株生长繁茂，

根瘤生长的数量多而大，固氮作用强。土壤中的钙含量丰富，能促进磷和铵态氮的吸收，但土壤中钙过多，会影响钾和镁的吸收比例，使土壤呈碱性反应，这对于多种微量元素的有效性有阻碍作用，大豆植株常出现缺铁、硼、锰等症状。在一些呈微酸性和缺钙的土壤中，每公顷施石灰 225~375kg 可起到明显的增产作用。

（五）锰

大豆缺锰时，首先表现在新叶上，叶脉间失绿，出现小棕色斑点，组织易坏死，根系不发达，植株长势弱，开花结实少。大豆开花初期，在顶部的成熟叶片中锰的含量低于 20mg/kg 时，便引起严重缺绿；高于 40mg/kg 时，叶片正常生长。大豆只能吸收水溶性锰和代换性锰。土壤中无机盐的含量虽然是充足的，但有效性的水溶性锰和代换性锰的含量常常不足。根区的 pH 值大于 6.5 的土壤，锰的有效性差，常表现为缺锰。酸性土壤富含锰，且锰的有效性强，一般不需施锰肥。锰肥可以作基肥，也可以拌种或叶面喷施。作基肥时最好与生理酸性肥混合，进行条施或穴施，这样既能施得均匀，又可减少锰向高价态转化，提高肥效。硫酸锰拌种用量，每 100kg 种子拌 0.4~0.6kg 硫酸锰；作基肥每公顷用量为 15~30kg；叶面喷施的浓度为 0.1%~0.2%，用液量 750~1 125kg/hm^2。

（六）锌

大豆缺锌时叶片呈青铜色，严重时出现坏死斑点，植株矮小，荚易脱落，造成减产。锌在土壤中的移动性较差，因此锌肥应施在种子下面或旁边，土表施用效果差。为了施肥方便，可与生理酸性肥料或细潮土混匀后施用，但不能与磷肥混施。施肥当年被作物吸收少，大部分残留于土壤中，每公顷施用 15kg 锌肥，后效可维持 2~3 年。大豆施锌肥可用作基肥、拌种及喷施，不适于浸种，浸种会导致种皮开裂，影响出苗。拌

种时，每 100kg 种子用硫酸锌 0.4～0.6kg，即将 0.4～0.6kg 硫酸锌用 4.6～5.0kg 水充分溶解后，喷洒在 100kg 种子上，边喷边拌匀，晾干备用。如果生育后期缺锌，可采用叶面喷施法补充锌的不足。喷施浓度为 0.1%～0.2%（50kg 水加 50～100g 硫酸锌），每公顷用量为 750kg 硫酸锌水溶液，喷两次，第一次与第二次间隔 5～6d。

（七）钼

大豆缺钼时植株矮小，生长不良，叶脉间失绿，叶片边缘坏死，叶缘卷曲，有时生长点坏死，花的发育受抑制，子实不饱满。土壤缺钼的临界值为 0.15mg/kg，低于此值时，大豆施钼肥有效。大豆需钼较多，拌种时可用 3%的钼酸铵水溶液，均匀地喷在种子上，拌匀，阴干后播种。大豆开花结荚期是需钼的临界期，这时叶面喷施效果最好。第一次在开花始期喷施，隔 7～10d 再喷第二次，每次每公顷用液量 750～1 125kg。

（八）硼

大豆缺硼时先在新生组织出现症状，顶芽易枯死，茎秆和叶柄变粗，变脆，易开裂，叶色淡绿，叶面凹凸不平，花器官发育不正常，花蕾在发育初期死去，结实少或不结实，生育期延长。大豆吸收硼的高峰期是在幼苗期和生殖器官开始形成的时期。土壤中水溶性硼达到 0.5mg/kg 时，就能满足大豆对硼的需要。缺硼的土壤，可用硼砂作基肥，每公顷用量为 3 750～7 500g。一般一次施用可持续 3～5 年。但应注意硼肥不要与种子直接接触，最好与有机肥或氮磷肥混拌施用。若植株表现缺硼，可用 0.1%～0.2%的硼砂或硼酸水溶液进行叶面施肥，每公顷用液量为 600～750kg。

二、大豆生育期的促进和抑制

(一) 影响大豆生育期的因素

大豆品种的生育期是指自出苗到成熟所经历的天数。根据大豆生育期的长短可将大豆划分为极早熟、早熟、中熟、中晚熟、较晚熟、晚熟、极晚熟7个成熟期类型。极早熟品种的生育期为80~90d，极晚熟品种为140~150d，上述每一类型间相差10d。

纬度对大豆生育期的影响也是十分明显的。纬度相近的两地，不论距离有多远，相互引种都可成功。但在不同纬度之间引种品种生育期会发生明显变化，甚至相距不过几百千米也很难正常成熟或成熟过早产量低。

播种期也会影响大豆的生育期。同一品种在同一地区种植，夏播的生育期大为缩短。大豆夏播生育期缩短主要是缩在始花前的营养生长阶段，而生殖生长阶段仍保持相当长的时间。

(二) 大豆生育期的促控措施

除了引种、不同播种期等措施会影响大豆的生育进程外，还可以采用蹲苗、摘心、喷施植物生长调节剂等方法来人为调节大豆的生长发育，达到高产、高效的目的。

大豆生育前期（幼苗期）是根系的快速生长期，也是根系发育好坏的决定期。根系发育好有利于植株吸收更多的养分和水分，积累更多的干物质，为获得高产打下基础。同时，发育良好的根系有利于提高植株的抗倒能力，减少因倒伏造成的产量损失。幼苗期要防止土壤水分过多带来的不利影响，生产上一般采取蹲苗措施来促进根系的生长。

无限结荚习性的大豆品种种植在水肥比较充足的条件下，容易徒长贪青，影响种子正常成熟。可采用摘心的方法，即在

开花中期将大豆主茎顶端生长点摘去 2cm 左右，可以起到控制徒长、促进种子成熟的作用，达到增产效果。

当大豆植株生长过旺时，可喷施生长延缓剂矮壮素或三碘苯甲酸。在大豆开花期，每公顷喷施 15~20mg/kg 浓度矮壮素液 450~600kg，或者每公顷施 45~75g 三碘苯甲酸粉剂或 225~270mg 乳剂，加水 450kg，叶面喷施。当大豆长势稍差时，可追施速效氮肥（每公顷用尿素 75~112.5kg）或喷施生长促进剂如高美施、叶面宝等。

第六章　大豆生长后期管理

第一节　大豆花、荚、粒的形成

一、大豆花的形成

大豆的花序着生在叶腋或茎的顶端，为总状花序。一个花序上的花朵常是簇生的，故称花簇。每朵花由苞叶、花萼、花冠、雄蕊和雌蕊五部分构成。

苞叶有两片，很小，呈管形。苞叶上有茸毛，起保护花芽的作用。花萼位于苞叶的上部，由5个萼片组成，绿色并着生茸毛，下部联合成管状，上部开裂。花冠为蝴蝶形，位于花萼内部，由5个花瓣组成。5个花瓣中上面一个大的叫旗瓣，在花未开时旗瓣包围其余4个花瓣。旗瓣两侧有两个形状和大小相同的翼瓣；最下面的两瓣基部相连，弯曲，形似小舟，称龙骨瓣。花冠的颜色分白色和紫色两种。雄蕊在花冠内部，共10枚，其中9枚花丝连在一起成管状，1枚分离，花药着生在花丝的顶端。开花时，花丝伸长向前弯曲，花药裂开，花粉散出。花粉多为圆形，也有三角形、椭圆形和不规则形的。一朵花约有5 000粒花粉。雌蕊被雄蕊包围，位于花的最中心，包括柱头、花柱和子房三部分。柱头为球形，在花柱顶端，花柱下方为子房，内含胚珠1~4个，个别的有5个，以2~3个居多，胚珠受精后发育成籽粒。子房膨大后着生茸毛，形成豆荚。

大豆是自花授粉作物，花朵开放前即已完成授粉，天然杂交率不到1%。一株大豆从始花到终花，一般需要14~40d，最晚熟的品种可达60~70d。大豆结荚习性、品种生育期和肥水条件等都会影响大豆花期的长短。

花序的主轴称花轴。大豆花轴的长短、花轴上花朵的多少因品种、气候和栽培条件而异。按花轴的长短分为：①长花序，花轴在10cm以上，现有品种中花序有的长达30cm；②中长花序，花轴长3~10cm；③短花序，花轴长度不超过3cm。一般而言，花序越长，花数越多。

二、大豆荚的形成

大豆花朵授粉受精后，子房逐渐膨大长成豆荚，胚珠发育成种子。豆荚形成初期发育缓慢，从第5天起迅速伸长，豆荚伸长时俗称“拉板”。经过20~30d，长度可达最大值。幼荚发育时生长慢的日增长度为4mm，快的可达8mm。豆荚宽度在开花后25~35d达到最大值。一般幼荚长度达1cm时，即进入结荚期。

大豆荚的表皮有茸毛，个别抗食心虫的品种无茸毛或荚皮坚硬。豆荚的颜色有棕色、灰褐色、褐色、深褐色及黑色等。豆荚形状有直形、弯镰形和弯曲程度不同的中间形。有的品种在成熟时容易炸荚，这类品种不适于机械化收获。

大豆每荚粒数，各品种有一定的稳定性。栽培品种一般每荚粒数为2~3粒。荚粒数与叶形有一定的相关性，披针形叶大豆，4粒荚的比例较大，也有少数5粒荚；圆形叶或卵圆形叶品种以2、3粒荚为多。

三、大豆籽粒的形成

进入结荚后期，大豆营养生长停滞，种子成了光合作用产物和茎秆中营养物质的聚集中心。种子经过如下过程而形成：

开花后 20d 以前是胚发育、种子体积增大和结构建成期。当进入体积增大和结构建成期时，豆荚内可溶性物质增长很快，豆荚的生长是先长长度，后长宽度，然后增加厚度，荚内豆粒逐渐膨大。种子膨大的过程叫鼓粒，当种子体积达到最大值时，称鼓粒期。鼓粒期间种子重量平均每天可增加 6~7mg，脂肪、蛋白质和糖类随着种子干重的增加而增加，而水分则相反，随着种子逐渐成熟而减少。在开花后 20d 内，种子干物质含量只有 5%，含水量多达 85%以上；开花后 35~45d，多数品种籽粒增重最快，含水量下降，这期间主要积累脂肪；大豆鼓粒后期，种子含水量迅速下降，有机质均转化为贮藏状态，此时主要积累蛋白质；当种子干重达到最大值时，水分逐渐下降到 20%以下，种子由扁圆形逐渐变圆，叫“归圆”。种子归圆后呈现该品种固有的色泽和形状时，即为成熟期。

第二节　大豆落花落荚及其预防

一、大豆落花落荚的原因

花荚脱落是大豆生产中的普遍而又严重的问题。一般每株大豆蕾、花、荚脱落数占总花数的 45%~70%。脱落比例大致是：花朵占 50%，幼荚占 40%，花蕾占 10%。花荚脱落在不同地区之间有所不同。

大豆花荚脱落的过程是：大豆花受精以后，在子房下面花柄的基部，从外到里形成离层，随后花柄基部与花轴逐渐分离而脱落。花荚脱落延续的时间一般达 30~40d。脱落的趋势为：早开的花脱落多，晚开的少。无限结荚习性的品种花荚脱落较多，且以植株下部花荚脱落多；有限结荚习性品种花荚脱落较少，以上中部为多。同一品种中，主茎花荚脱落较少，而分枝花荚脱落较多。同一花轴则以下部花荚脱落较少，而上部脱落

较多。

大豆花荚脱落的根本原因是生长发育失调。大豆营养生长与生殖生长并进时间较长，在苗期生长过旺的情况下，到开花结荚期营养生长仍占优势，仍是养分分配的中心，致使生殖生长受到抑制，而出现花荚脱落。另外，大豆具有养分局部分配的特点，当枝叶繁茂、株间郁闭时，被遮阳叶片的光合作用削弱，光合产物不足，也是造成花荚脱落的原因之一。在苗期营养生长过弱的情况下，植株养分积累少，花芽分化不能正常进行，已形成的花荚会因养分不足而脱落，后期形成的花荚也会因养分供应不足，不能正常发育而脱落。导致大豆花荚脱落的外界因素主要有土壤水分过多或过少、土壤养分供应不足、植株群体光照恶化、病虫为害、暴风雨袭击等。

二、大豆落花落荚的预防

减少花荚脱落的措施与增加大豆产量的措施是一致的。即确定合理的种植密度，采用合理的水、肥、田间管理等措施，使营养生长与生殖生长协调起来。

一是培育和选用光合效率高、叶片透光率高、株型收敛的多花多荚的高产良种。

二是细致整地，提高播种质量，及时间苗定苗，中耕除草，使幼苗生长健壮，植株积累充足的养分，以供应花荚发育的需要，减少脱落。

三是合理密植，并搞好植株株行配置，保证在较理想的群体状态下，使个体发育健壮，协调植株体内养分分配矛盾。

四是整地前多施有机肥、磷肥，并注意在始花期前根据施肥基础、肥力水平和大豆生育状况巧施速效氮肥和磷肥，保证有充足的养分供应，促使苗壮，增强叶片光合生产能力，多累积光合产物，满足花荚的营养需要，减少脱落。

五是大豆在花荚期对水分反应非常敏感，因此要注意花荚期的土壤水分状况。旱时要灌水，涝时要及时排水。

六是在生长期间要注意及时防治病虫害，延长叶的寿命，保证叶片的正常光合作用，生产足够的养分，从而减少脱落。

七是大豆的生育前期若出现营养生长过旺，可喷施生长调节剂，调节营养生长和生殖生长失调的状况，从而减少脱落。

第三节　大豆后期的田间管理

一、大豆花期追肥

大豆从开花到鼓粒是需肥最多的时期，因此，进行适当的追肥，有良好的增产效果。尤其是在土壤肥力低或大豆幼苗生长瘦弱、封垄较为困难的地块更应适当追施速效肥。但在土壤比较肥沃、基肥和种肥充足、大豆生长健壮、植株繁茂时，不必追肥，以免造成徒长倒伏。

二、大豆结荚鼓粒期灌水

大豆各个生育阶段生长速度不同，消耗的水分不同，对土壤含水量的要求也不同。如大豆苗期耗水量较少，花荚期以后耗水量较多，因此，结荚鼓粒期适当灌水，可以减少花荚脱落，提高百粒重，增加产量。大豆结荚鼓粒期光合作用最强，新陈代谢也最旺盛，是大豆生殖生长的主要时期，豆荚的大量形成必须有充足的水分供应。但在生产实践中还必须根据具体气候情况来确定灌水时期。大豆灌水方法有畦灌、沟灌和喷灌等，当前以畦灌最常用。有条件的地区可进行喷灌。灌水量一般为 $600m^3/hm^2$。

三、大豆结荚鼓粒期叶面喷肥

大豆生育中后期叶面喷肥可分为两次：在初花期，每公顷

选用下列肥料溶于525kg水中，进行叶面喷肥：钼酸铵225g，硼砂1.5kg，硫酸锰510~900g，硫酸锌3kg。在鼓粒初期，每公顷选用下列肥料溶于525kg水中，进行叶面喷施：尿素7.5kg，磷酸二氢钾1.5kg，硫酸钾75g。

四、大豆生育后期的病、虫、杂草防控

大豆开花结荚后各种病害症状都会逐渐表现出来，在生育前期防治的基础上，生育后期重点做好受害植株的拔除、深埋处理或烧除工作，切断翌年的病菌来源。

（一）大豆菌核病

大豆菌核病是由子囊菌亚门的真菌侵染引起的。真菌以菌核在土壤内和病株残体中或混在种子里越冬，翌年在适宜的环境里产生子囊盘和子囊孢子，引发大豆菌核病。

1. 发病原因

（1）前茬作物对发病的影响。大豆菌核病除为害大豆外，还可侵染菜豆、蚕豆、马铃薯、白菜、向日葵、胡萝卜等多种寄主植物。近几年由于种植业结构的调整，各种经济作物发展迅速，造成大豆前茬的多样性，再加上不合理的轮作，使大豆菌核病发病率逐年提高。据调查，前茬为菜用豆类的大豆田，发病率最高的是前茬豇豆地，发病率为41.7%；其次是前茬豆角地，发病率为8.7%。前茬为向日葵的大豆田，每平方米含菌核可达6.18g；前茬为油菜的大豆田，菌核病发病率比正常轮作大豆田高出20~50个百分点。

（2）大豆重迎茬对发病的影响。由于受经济利益的驱动，一些种植户在自己承包的土地上连年种植大豆，导致大豆菌核病发病较重。对重迎茬大豆菌核病发病率调查，迎茬发病率为5.6%，重茬发病率为11.2%，而且随着重茬年数的增加发病率越高，重茬3年发病率为13.7%，重茬4年发病率为

28.5%，重茬5年发病率为37.0%。

（3）气候对发病的影响。大豆菌核病发病率较高与6月降水量大有直接关系，低温、寡照、潮湿的土壤引发了菌核病病菌的萌发，造成再次侵染大豆，致使许多地块大豆大面积死亡。

（4）整地方式对发病的影响。土地不平，排水不畅；封垄前未及时中耕培土，使菌核病病菌有了萌发的机会。

（5）种植密度及施肥对发病的影响。大豆种植过密或施用氮肥过多，致使植株繁茂，透气性差，湿度增加，促使菌核病病菌萌发。

2. 防治方法

（1）合理轮作。防治大豆菌核病的最基本措施是合理轮作。发病严重的地块，应与禾谷类作物轮作3年以上，不能与菌核病的寄主植物如菜豆、马铃薯、油菜、向日葵等轮作，避免重茬，减少迎茬，可减轻大豆菌核病的发生。

（2）改进土壤耕作措施。对发病的地块进行深耕，深度不小于15cm，将菌核深埋在土壤中，可抑制菌核萌发，减少侵染来源。及时排出田间积水，降低大豆田间湿度。

（3）合理施肥与密植。适当控制氮肥的施用量，增施钾肥。合理密植，主要采用三垄栽培法种植大豆，种植密度以每公顷保苗25万~31万株为宜。

（4）消灭菌源。感染菌核病的残枝是大豆菌核病病菌的主要来源，当病田收获后，应将病残体收集烧毁，不能留在田间。生产用种需从无病田留种，确保种子不带病菌。

（5）药剂防治。发病初期可喷施50%速克灵或40%菌核净可湿性粉剂1 000倍液，也可喷施50%多菌灵可湿性粉剂500倍液，用药液量600kg/hm²，可降低发病率。

（二）大豆食心虫

1. 症状

幼虫蛀入豆荚咬食豆粒，被害豆粒形成虫孔、破瓣或整个豆粒被食光，降低大豆产量和质量。受害轻重与地区、年度和大豆品种关系密切。一般年份减产 10%~20%，严重年份减产高达 30%~40%。该虫一年发生一代，老熟幼虫在豆地结茧越冬，翌年 7 月下旬变成蛹和成虫，产卵、孵化出幼虫，初孵化幼虫乳黄色，蛀入豆荚里为害，老熟时橙红色。7—8 月降水量较多，土壤湿度较大，有利于发生。

2. 防治方法

（1）农业防治。深耕细耙，减少越冬虫源。选用抗虫品种，轮作换茬，或错期播种，使大豆结荚期避开大豆食心虫的发蛾期。

（2）药剂防治。大豆食心虫的药剂防治关键是抓住为害时期，8 月 10 日前后两天是成虫的发蛾盛期，豆田有成团飞翔现象。用 5%甲拌磷颗粒剂，每公顷 15kg 拌土 150kg，于成虫的发蛾盛期撒于田间，每 4 垄撒 1 垄；或用 80%敌敌畏乳油每公顷 2 250g 浸蘸 20cm 长的高粱秆、玉米秆 600~750 根，每隔 5 垄插 1 垄，每走 7~8 步插一根；或用油毡软纸片（20cm×3cm）浸蘸 80%的敌敌畏乳油制成“缓释卡”，每公顷用药量 1 500g，缓释卡 750 个，均匀挂在田间。或用 2. 5%敌杀死、5%来福灵、2. 5%功夫、20%速灭杀丁等农药，每公顷 300mL 兑水 600kg 喷雾。

（三）杂草

大豆的生育后期还要注意杂草的拔除工作。对生育前期没有防除到的杂草，要及时进行人工拔除，以免与大豆植株争夺营养、水分等，造成籽粒细小，产量和品质下降。

第七章 大豆绿色优质高产栽培技术

第一节 高油大豆绿色优质高产栽培技术

高油大豆是我国主要经济作物之一，是人们正常生活中不可缺少的食用油原料，对我国农业经济的发展有着重要的贡献。因此，提高我国高油大豆产量已成为高油大豆籽粒生产的重要任务。提高高油大豆的产量和质量，可以提高高油大豆在国际市场上的竞争力，对我国经济作物产业链的发展起到积极作用。

一、提高大豆的油产量

高油大豆高产高效栽培方法是利用科学合理的栽培技术，培育高油大豆，提高高油大豆的产量和品质。第一，选择优质高油大豆种子。例如，在抗旱抗虫的基础上，为高产高效高油大豆的生长提供生理基础。高油大豆种子的选择是非常重要的。只有优质的粮食和油料种子才能生产出高产的高油大豆。第二，要科学合理地筛选大豆种子，提高种子的成活率。第三，对种子土壤进行深度处理。在选择土壤时，应选择软土和通风良好的土地进行种植，以保证种子的生存空间，为大豆种子提供良好的生存环境。第四，在播种高油大豆种子的过程中，应始终注意气候变化，选择最佳播种时间，促进种子萌发和生长。第五，在高油大豆幼苗生长过程中，必须对种子进行施肥和浇水，遵循高油大豆的生长规

律，及时进行人工管理，防止病虫害对种子的为害，提前做好准备，提高高油大豆的产量。

二、优质种子选育

为了获得高产、高油的大豆，最关键的是种子的选择，这将直接影响大豆的产量和质量。因此，选择优质种子是高产高油大豆的前提。首先，要注意种子质量达到国家二级以上标准，用新品种代替自留种子，因为随着种植年限的增加，种子质量会逐渐下降。其次，选择大、全、饱满的种子，清除有缺陷、被虫咬、干燥等病害的种子，提高种子的发芽率。

三、种植前的准备

大豆也不例外，因为适宜的土壤条件是影响作物生长发育的关键因素。大豆种植在整地过程中需要注意的几个问题。首先，耕地必须进行深耕，因为深耕可以彻底清除杂草和残留的病虫害，使土壤更细密、更具渗透性，有助于提高大豆产量，但要保证相同的深度。其次，起垄也非常关键，通常在翌年春天顶浆起垄，具体做法需要结合当时的气候条件和土地条件。

四、栽培过程中的科学方法

由于高油大豆对产量和油产量的要求非常严格，在高油大豆的种植过程中，要求技术人员在生长期对种子进行良好的保育，并采取浇水、施肥、病虫害防治等科学方法。这些护理技术可以为大豆种子的生长提供一个健康、适宜的环境。相关研究表明，在一定比例的作物上施用磷氮肥，可以有效提高大豆蛋白质含量，提高油脂比例和净化率。

五、高油种植技术

在选择种植环境时，应选择光照充足、土壤松软、雨量适

宜的环境种植高油大豆。加强人工管理，观察高油大豆的生长过程，提高高油大豆的产量。高油大豆在生长过程中，应严格控制病虫害对大豆的为害。

第二节　大豆窄行密植技术

大豆窄行密植栽培技术，是当前大豆栽培产业中发展速度十分迅猛的一项国外栽培技术。其增产原理是通过选择矮秆、半矮秆抗倒伏的品种，利用缩小行间距、增大株距和单位面积上株数的方式来实现大豆个体与群体的合理配置，在有限的地块内增加作物种植面积，并改善植株的受光条件，毫无浪费地利用地力和阳光，以保证大豆的高产量。经过国外大量的实践表明，密植栽培技术能够比常规栽培方式增产20%以上。

大豆窄行密植可以分为平作窄行密植和垄作窄行密植两种密植模式。平作窄行密植的栽培重点在于一平到底，其一般行距为15~30cm，每公顷播种45万~65万粒。垄作窄行密植则是指以垄作为基础的窄行密植栽培，其又在垄的大小上分为大垄密植和小垄密植。其优点为既保留了平作窄行密植栽的优点，又能够抗旱抗涝，增加地温且便于管理。大垄窄行密植是指两垄合并成一垄或者一垄半合成一垄的方式进行宽台窄行密植栽培。小垄窄行密植栽培技术则是指在45~50cm的小垄上的双条播种，以达到缩垄增行的目的。

一、合理选择地块

在进行地块选择的过程中，要想保证窄行密植的质量，则土壤的肥沃程度十分关键。由于窄行密植过程中需要消耗更多的土壤肥力，因此在进行该技术推广的过程中，要注重将土壤肥育技术进行共同推广。在进行土壤肥育时，通过使用新型肥料，利用测土配方法进行施肥，并重点进行土壤的杀毒和微量

元素补充工作，以保证土壤的肥力足够进行窄行密植工作。不仅如此，地块还要拥有良好的采光和通风，配合窄行密植技术，使大豆植株最大限度地接收阳光，使大豆植株积累的光合产物增多，从而提高产量。

二、科学选种

在进行大豆选种的工作时，要从大豆的品种开始选择。选种时要以墒情为准，全面且深入地分析当前的土壤条件和种植环境，分析近年来该种植地块的常见病虫害，选择具有特定抗病特性的品种，并优先选择矮株或者半矮株的抗倒伏品种。在选种完成后，还要对其进行处理，并实施筛选工作，即选择颗粒饱满、种胚完好且没有虫害痕迹的种子，以保证种子的初步出芽率；在择种完成后，有条件的还可以通过药剂浸种的方式进行包衣，以保证其在下种后不会遭受病虫害。

三、科学整地

在进行整地工作时，应当对准备栽培大豆的土壤提前秋耕，确保土地墒情良好。在进行翻地工作时，要保证土壤深度在 18~20cm，其实际误差应当不超过 1.5cm。耕地的方向和幅度应当一致，最好使用自动化设备进行整地工作以保证将其误差降低到最小。若是在机械耕地后仍然有体积较大的土块，则需要进行人工处理，将其打碎，以保证土壤质量。

四、起垄工作

起垄工作一般可以交给起垄设备来完成。在进行起垄时，可以选择秋翻与伏翻两种翻地方式。起垄时将垄高控制在 18cm 左右。完成起垄工作后，需要正对垄沟进行镇压处理以确保其与播种状态相吻合。

五、科学施肥

在实际对田地进行施肥时，应当将有机肥的施用量控制在每公顷 15t 左右。并将施肥与整地工作相互结合，在土壤中混入农家肥，使其能够发挥底肥的作用；在使用化肥时，应当控制氮磷钾肥的使用量，利用测土配方的施肥方式，进行科学的肥料配置，以保证底肥的有效性。在此基础上，通过追加叶面肥和底肥的方式来保证后期作物不会由于缺乏营养而出现减产的现象。在使用种肥和底肥时，要在距离作物根部 5cm 左右的位置埋肥，以防止出现烧苗的情况发生。

六、科学播种

进行大豆播种的过程中可以选择小垄窄行密植和大垄窄行密植两种方式，垄间距一般要保持在 90 ~ 100cm（三垄并两垄）或者 120 ~ 140cm（两垄变一垄）；若是选择平作窄行密植，则需要使用 24 行播种机进行播种工作。

大豆密植的关键在于播种密度。通常密植的密度保持在 36 万 ~46 万株/hm^2，同时在进行管理的过程中要确保不出现断条现象。

第三节　避免大豆重、迎茬技术

在生产中大豆的种植要坚持与禾本科作物进行 3 年以上轮作制度，尽可能不要重茬或迎茬。由于重茬或迎茬大豆产量下降、品质降低，因此，要种好重茬或迎茬大豆，必须从改善大豆的生长环境、满足所需营养、增强大豆自身抗性、加强病虫害防治等多方面着手，采取综合性栽培技术措施，力争最大限度地减轻重茬或迎茬对大豆产量及品质的为害。

一、大豆重、迎茬减产的主要原因

经过多年研究和生产实践认为，大豆重、迎茬减产的主要原因有三方面：一是根部病虫为害严重所致。如孢囊线虫、根腐病、根蛆等。二是营养失调。大豆重、迎茬地块土壤速效氮钾养分含量下降，微量元素的钼、硼、锰、锌含量减少。三是大豆根系分泌物、根茬腐解物、根际微生物的变化使土壤环境恶化，破坏了大豆根部的正常生理活动，降低了根系生理活力，破坏了共生固氮系统，抑制了根的吸收能力，使植株代谢减弱，植株生育缓慢，干物质合成与积累减少。

二、重、迎茬对大豆产量和品质的影响

（一）大豆产量下降

重、迎茬大豆均较正茬大豆减产，表现百粒重下降，单株荚数和单株粒数减少。迎茬大豆百粒重比正茬大豆降低 2.7%；重茬大豆百粒重比正茬大豆减少 3.7%；减产幅度随着重茬年限的增加而增大，迎茬减产 6.1%，重茬 1 年减产 9.9%，重茬 2 年减产 13.8%，重茬 3 年减产 19.0%。此外，大豆重、迎茬为害程度与重茬年限、土壤类型、有机质含量、水分状况等有直接关系。重茬年限越长，为害越重。从土壤类型上看，土质肥沃、微酸性土壤减产幅度小于土质瘠薄、偏碱性土壤；从土壤有机质看，同一重茬年限，土壤有机质含量高减产幅度小，反之则大；从地势上看，在水分不足的情况下，平地和二洼地减产幅度小，而岗坡地减产幅度大。一般风沙大、干旱、盐碱地减产幅度较大，湿度适宜、黑土地减产幅度较小。

（二）大豆质量降低

重迎茬大豆病粒率、虫食率增加，商品质量显著降低。迎茬大豆的病粒率、虫食率分别比正茬增加了 39.7%、41.6%；

重茬大豆的病粒率、虫食率分别比正茬增加了 95.5%、106.8%；迎茬和短期重茬对大豆蛋白质和脂肪含量没有明显的影响，3 年以上的长期重茬，大豆的蛋白质含量明显增加，脂肪含量明显减少。

三、避免大豆重、迎茬的主要技术措施

（一）尽最大可能实行轮作，减少重茬

目前，解决大豆重、迎茬为害的根本途径是坚持 3 年以上与禾本科作物进行轮作的制度。但是，在当前以农户为生产经营单位的条件下，大豆重、迎茬是不可避免的。因此，应把重茬和迎茬区别开来，尽量减少重茬，适当迎茬。重、迎茬时，可选择有机质含量高的平川地和二洼地种植大豆，重茬也只能重一年。

（二）选用抗逆性强的大豆品种

国内外研究与实践证明，选用抗病或耐病品种是减轻重、迎茬对大豆产量与品质影响的最经济有效的技术措施之一。另外，还应做好不同品种轮换种植，以减轻重、迎茬为害。因为调换使用不同品种，可使根际微生物及适应病虫害生理小种得到改变，能有效减轻重、迎茬为害。

（三）精细整地，增施农肥，配方施化肥

一是精细整地。大豆重、迎茬，尤其是连年重茬，导致土壤紧实板结。缺少合理团粒结构，肥力下降。进行精细的土壤耕作，可以破坏板结层，为大豆根系生长发育创造良好的土壤条件，并能有效减轻病虫为害。因此，在土壤耕作上要坚持以深松为主的松、翻、耙、旋结合的土壤耕作制，大力推广深松耕法，实行秋整地。二是增施农肥，配方施化肥。有机农肥是完全肥料，它不仅矿质元素丰富，而且含有较多的有机质和作物生长所需的特殊物质。增施有机农肥不仅可以平衡供给大豆

营养，而且可以改善重、迎茬造成的不良土壤环境，是减缓产量损失的有效措施。在每亩施 10kg 磷酸二铵的基础上施入 1 000kg 优质农肥的地块，每亩大豆可增产 24kg，增幅达 18%以上。由于重、迎茬地块速效氮含量降低，根瘤稀少，固氮能力减弱，所以在多施优质农肥的基础上，在大豆苗期或者花期适时追施氮肥。一般可在大豆 3 叶期每亩追施尿素 2~3kg，或于始花期每亩追施尿素 4kg，增产幅度可达 10%以上。同时，还要施用硼、钼、锰、锌等微量元素肥料，补充重、迎茬地块微量元素的不足，以减缓重、迎茬为害对产量的影响。

（四）增加播种量，合理密植

由于重、迎茬地块病虫害加重、土壤环境恶化，对大豆生长极为不利，容易造成缺苗现象，达不到品种要求的合理密度。因此，重、迎茬大豆应适当增加播种量，确保豆苗株数，发挥群体的增产作用，以减轻减产幅度。一般比正茬大豆增加 10%左右的株数。

（五）加强根部病虫害防治

这是种植重、迎茬大豆必须高度重视的一项重要技术措施，也是成败的关键所在。一是播前用 50%辛硫磷闷种 4h（药、水、种比例为 1∶40∶400），或每公顷用 5%甲拌磷 22.5kg 与底肥混合均匀施入土壤中防治害虫。二是采用种子包衣防治。①用 35%多克福大豆种衣剂或 30%克多福种衣剂或 25%呋多种子处理剂或 8%甲多种衣剂等种衣剂品种，进行种子包衣。②应用乙基硫环磷等有机磷农药拌种，防治地下害虫及苗期害虫。③应用多福合剂、福美双、多菌灵等杀菌剂拌种防治大豆根腐病。此外，新型干粉种衣剂豆壮苗剂，含有杀虫剂、杀菌剂和多种微量元素，有效成分含量 46%，据试验，用此大豆壮苗剂拌种后对根腐病、根蛆的防效在 90%以上，对孢囊线虫的防效在 85%以上；大豆苗期根数可增加 3~5 条，

单株结荚数增加2~3个，百粒重增加1~2g，每亩增产10%~12%，在重、迎茬地块应用效果特别好。

第四节　菜用大豆绿色优质高产栽培技术

菜用大豆，俗称毛豆，是一种以鲜嫩大豆籽粒作食用的大豆。近年来，菜用大豆价格一路上扬，种植菜用大豆的农民增产又增收，有很好的经济效益。菜用大豆营养丰富，富含植物蛋白质、不饱和脂肪酸、人体必需的各种矿物质、维生素，氨基酸种类齐全，对糖尿病、高血脂、高血压、肥胖等有预防和辅助治疗作用。更因其独特的风味与口感，被誉为最美味、最富营养的绿色保健蔬菜。且不含胆固醇，长期食用，能减少心、脑血管病的发生。菜用大豆籽粒中还含有丰富的低聚糖、矿物质、维生素、异黄酮、皂苷和磷脂等，人体易于吸收利用。其中菜用大豆所含的铁，很容易被人体吸收利用，可以作为儿童补铁的食材之一。菜用大豆植株营养丰富，富含蛋白质、脂肪、无氮浸出物、纤维素，是草食动物的好饲料，嫩植株可以青饲或青贮，也可将茎秆、豆荚、干叶粉碎后混入饲料饲养牛羊，增加饲养户的经济收入。另外，在作物生产中，由于菜用大豆根系具有高效的根瘤共生固氮系统，再加上菜用大豆的落叶和秸秆还田可以产生很好的养地效果，在轮作中占有重要地位。同时，菜用大豆植株不高，直立性好，又相对耐阴，可与多种作物套作。

一、菜用大豆的产量形成

菜用大豆的产量由单位面积株数、单株荚数、每荚粒数和粒重4个因素构成。单位面积株数和单株荚数构成单位面积总荚，对产量有很大影响。但在高产栽培中，群体和个体都充分发展，达到一定群体规模时，进一步增加荚数非常困难，因而

应在如何挖掘每荚粒数和粒重方面下功夫。

二、合理轮作

菜用大豆不能连作，连作会影响土壤根瘤菌活动和有效根瘤形成，降低固氮活性，使豆株生长不良，产量降低。合理轮作既可克服这些不利影响，又能协调前后作的养分需求。菜用大豆由于生长过程落叶较多和固氮作用，从土壤中消耗氮素较少，其根系分泌物还能提高土壤中磷的有效性。所以，大豆茬口一般肥力较高，是许多需氮作物如禾谷类的好前作，如豆—薯换茬、豆—稻换茬等轮作模式，菜用大豆都能为后作创造良好的土壤条件，提高后作（水稻、甘薯等）的产量。菜用大豆以年间轮作效果更好，更能维持菜用大豆稳定的产量，轮作周期一般要求 2~3 年。

三、种子准备与合理密植

（一）种子准备

菜用大豆的种子要求籽粒饱满、发芽整齐、发芽率高、发芽势强。采用精选种子和适当晒种可以提高种子质量。晒种可以提高发芽率，但不宜暴晒。菜用大豆播种前进行药剂或肥料拌种，可以提高品质和产量，如用硼肥、钼肥、微肥处理等。采用根瘤菌接种，有一定的增产效果。如在一定的环境条件下，根据菜用大豆的品种选配相应的优良菌种进行接种，组成高效共生固氮组合，可以起到较好的接种效果。确定合理的播种量是丰产的保证，在种子选好后，必须测定种子粒重和进行发芽试验，以作为计算播种量的根据。另外，影响菜用大豆播种量的因素还有种子大小、种植密度、发芽率和成苗率等。

（二）适期播种

菜用大豆的播种适期应根据耕作制度、品种特性、温度、土壤水分、霜期等因素综合考虑。按不同品种特性，选用早、中、晚熟品种相互搭配，可实现春、夏、秋3季生产，以延长供应期，增加种豆收入。为使菜用大豆适时、均衡供应市场，必须做到分期分批播种，分批采收，应视种植面积、产品上市量、市场销售动态以及生产、营销能力灵活掌握、科学安排。

(三) 种植密度与种植方式

菜用大豆适宜的种植密度是高产群体结构建成的重要基础。要根据气候条件、品种特性、土壤肥力、栽培技术水平和间作方式等因素综合确定。春播菜用大豆，开花结荚期间光照不足，雨水多，密度不宜高，以亩植2.5万株左右为宜，早熟品种在3万株左右，中、迟熟品种在2万株左右。秋播菜用大豆，开花结荚期间光照足、雨水少，增加密度有较大增产效果，可亩植3.5万株左右。由于菜用大豆品种类型多样，栽培条件复杂，应以当地的生产实践为依据。

在相同密度条件下，种植方式不同，可造成不同的植株营养环境，形成不同的光能利用特征和群体通风透光条件，改变土壤矿质营养状况和空间营养，对产量产生一定的影响。生产上菜用大豆的种植方式有条播和穴播两种。

四、菜用大豆施肥

(一) 菜用大豆的需肥特点

菜用大豆是需肥较多的作物，需常规的氮、磷、钾肥，由于菜用大豆自身的根瘤固氮特性，对磷、钾养分的需求更加重要。另外，菜用大豆对钙、硼、钼的需求也不容忽视。钙、硼对菜用大豆种子形成和发育起重要作用，还能促进菜用大豆的根和根瘤发育，缺乏这些养分后，根瘤易退化，固氮作用减弱。钼的需求量虽然很少，但在菜用大豆氮素代谢方面发挥重

要作用。它是硝酸还原酶的金属成分，参与硝态氮还原代谢的生理过程。另外，它是固氮酶中钼铁蛋白的金属成分，缺钼的生理反应是抑制根瘤生长，影响豆血红蛋白合成。

（二）菜用大豆的施肥技术

菜用大豆施肥应根据当地的土壤气候条件、品种施肥反应、前后作关系以及不同生长时期对养分的需求，确定施用肥料的种类、数量、方法与时期，努力提高施肥效果。菜用大豆的施肥原则是以有机肥为主，增施磷、钾肥；以基肥为主，种肥、追肥结合。施用基肥，是菜用大豆高产的重要环节。基肥要求以有机肥为主，配合磷肥施用。磷素养分在土壤中移动性小，早施效果明显。基肥施用方法主要包括撒施、条施或穴施。基肥用量少时可以采用条施或穴施：先开好播种穴或播种沟，然后施入肥料，局部混合后播种、覆土。种肥是菜用大豆播种时置于种子附近的肥料，以速效肥为主，如人畜粪尿、各种化肥、微肥等。种肥和基肥没有本质区别，只是用量较少，更强调集中与速效。追肥，根据基肥、种肥施用情况和菜用大豆苗情特征决定是否需要追肥以及如何追肥。菜用大豆生长结荚期短，固氮效果随植株生长不断增强，通过施足基肥和种肥，可显著提高产量。菜用大豆追肥按施用方式分根外追肥和根部追肥，按施用时期分苗肥、花芽肥、花荚肥等。

五、菜用大豆的田间管理

（一）间苗补苗

菜用大豆出苗后，发现缺苗，必须及时补种或间密补稀或补苗移栽。

（二）中耕除草

菜用大豆中耕，可以疏松土壤、清除杂草、增加通气、促进养分释放，有利于根瘤菌繁殖和根系发育。前期应进行1~2

次中耕，在苗期进行，在开花前结束。最后一次中耕需结合培土，以促进上部根群发育，防止倒伏，增加吸收养分能力。

（三）灌溉与排水

菜用大豆既不耐旱，也不耐水。菜用大豆需水规律是前期少，中期多，后期少。燥苗、湿花、干荚是水分管理的要点。菜用大豆灌溉以沟灌为宜，做到水不浸畦面，以防土壤板结，影响根系固氮功能、正常吸收与发育。沟中积水应在畦面湿润后及时排水。

（四）摘心

摘心可以抑制菜用大豆主茎顶端生长，防止倒伏；调节同化物分配，有利于向花、荚输送、减少花荚脱落。摘心是将菜用大豆植株生长点摘除。摘心一般可增产 10%左右。摘心的效果因气候、土壤、品种而不同。

（五）防治病虫害

菜用大豆的病害主要有花叶病毒病、锈病、霜霉病、灰霉病等。花叶病毒病应采取综合防治办法，选育推广抗病品种，发现病株及时拔除，加强蚜虫防治。对于锈病、霜霉病、灰霉病等，应排出田间积水、降低田间湿度，重视推广抗病品种。发病后要针对性地选用杀菌剂。蚜虫和豆荚螟是菜用大豆的主要害虫，应选用相应的高效低毒杀虫剂进行有效防治。

第五节　大豆行间覆膜栽培技术

大豆行间覆膜栽培技术是一种以机械化覆膜为核心，农艺农机相结合的栽培模式，具有蓄水保墒、提墒、增温、防草、抗旱、增产等特点，是特别适合春旱、低温气候特点的一套抗旱综合配套高产技术，可显著提高大豆产量和品质。与三垄栽培技术相比，用种量降低 25%，除草剂用量减少 40%，产量

提高30%以上，比其他普通栽培技术增产20%以上。

一、选地与整地

（一）选地

大豆行间覆膜栽培技术适宜选择有深松基础、排水及渗透性良好、土壤肥力中等的平川地，合理轮作，杜绝重、迎茬，最好前茬是玉米茬等禾谷类作物或非豆科作物。

（二）整地

没有深松基础的地块要实行深松。采用浅翻深松整地或伏秋深松整地，作业标准：耕层土壤细碎、疏松、无残茬，不漏耙，不漏压，深松深度25cm以上、耙茬深度15~18cm，旋耕深度14~16cm，要求整地后地面平整，干净，能保证覆膜质量，达到待播种状态。

二、品种选择与种子处理

（一）品种选择

大豆行间覆膜要选用主茎发达、中短分枝、茎秆直立、单株生产力高、秆强、抗倒伏的品种。

（二）种子处理

播种前机械精选种子，要求所选种子粒型均匀一致、水分小于13.5%、发芽率大于95%、纯度大于99%、净度大于98%，精选后的种子要进行包衣，包衣好的种子及时晾晒装袋。

三、播种

（一）播种期

提早播种，一般覆膜技术种植大豆的地块比正常播种期提早5~7d，当5cm耕层地温连续5d稳定通过5℃开始覆膜播种。

(二) 地膜选择

大豆行间覆膜应尽量选用拉力较强的膜，以便于机械起膜作业，为了减少白色污染，要求每公顷用地膜量60kg左右，地膜厚度为0.008~0.01mm，宽度为60cm，便于田间揭膜。60cm宽膜比以往80cm宽膜田间分布更为均匀，更利于提高大豆产量。

(三) 覆膜播种方法

选用四膜八行平播覆膜播种机或五膜十行平播覆膜播种机一次完成施肥、覆膜、播种、镇压等作业，覆膜总的原则是：严、紧、平、宽。种子行距为110cm，苗带间距为65cm，在地膜两外侧距膜边距2.5cm处进行播种，膜外精量点播，播量准确，不重不漏，播深4~5cm；种肥均匀，要膜内侧深施肥，距离种侧下8~10cm；膜上覆土严密，地膜两边要用土压实，膜上压土间距1.3~1.4m，压土厚度5~7cm，宽度8~10cm。

(四) 合理密植

覆膜地块保水能力强，肥料利用率高，实行单品种连片种植。大豆行间覆膜栽培保苗应以1.6万~1.8万株/亩为宜，保苗株数不宜过密。过密田间郁闭，大豆植株营养生长过旺徒长，易捂花捂荚，造成倒伏。播种量为60~70kg。肥水条件较好地块密度略小些，瘠薄地密度略大些。

四、科学施肥

实行测土平衡施肥，大豆行间覆膜施入种肥很重要，采用分层侧深施肥，施肥与播种同时进行，但肥料不能与种子接触，以免烧坏种子和幼芽。肥在种侧膜内或膜边5cm左右，

分2~3层施入，施肥深度分别为5~7cm深处、12~18cm深处，氮、磷、钾的比例为1∶(1.5~1.8)∶(0.7~1)，在施好底肥的基础上应一次性施足种肥。由于地膜覆盖后有增加肥料利用率的作用，可适当减少种肥量，增加叶面肥次数。大豆盛花期进行第一次叶面追肥，开花初期与结荚初期第二次施肥，用量每公顷尿素5~10kg加磷酸二氢钾2.5~4.5kg。

五、田间管理

(一) 化学灭草

灭草方式以土壤处理为主，茎叶处理为辅。提倡播前土壤处理和秋施药技术。化学除草要重视除草剂品种和配方的选择，合理使用除草剂，要重视除草剂品种结构的调整。

大豆除草剂首先要选择杀草谱宽、持效期适中（1.5~3个月）、不影响后连作物的除草剂，以土壤处理为主，苗后茎叶处理为辅，尽量采用秋施和春季苗前施药和混土施药法。

大豆田苗前安全性好的除草剂有速收、广灭灵、金都尔、都尔、普乐宝、乐丰宝、阔草清、宝收、普施特等。

土壤处理和茎叶处理应根据杂草的种类和当时的土壤条件选择施药品种和施药量。茎叶处理可采用苗带喷雾器，进行苗带施药，药量要减1/3。喷液量土壤处理每公顷150~200L，茎叶处理喷液量每公顷150L。要达到雾化良好，喷洒均匀，喷量误差小于5%。苗后除草剂施药时药液中加入喷液量0.5%~1%植物油型喷雾助剂药笑宝、信得宝或快得7，具有增效作用，可减少30%~50%除草剂用药量，且对作物安全。

(二) 中耕管理

在大豆生育期内机械中耕3遍，第一遍中耕在大豆出苗期进行，中耕深度以15~18cm为好，或于垄沟深松18~20cm，要垄沟和垄帮有较厚的活土层。第二遍中耕在大豆2片复叶时进行，深度以 8~12cm 为宜，这次中耕可以高速作业，以提高壅土挤压苗间草的效果。第三遍中耕深度仍以 8~12cm 为好，要注意保持土壤清洁层，防止伤根或培成小垄，以利机械收割。3 次中耕的深度变化，一般是深—浅—浅。

（三）病虫害防治

目前大豆生产中主要是防治大豆食心虫、大豆蚜虫、灰斑病等病虫害。

1. 蚜虫和蓟马的防治

大豆每株有蚜虫 10 头以上时，可用 70%艾美乐（吡虫啉）15~20g/hm^2 或 50%辟蚜雾 150~225g/hm^2+酿造醋 100mL/亩+益微 15~20mL，干旱条件下加入喷液量 1%植物油型的喷雾助剂药笑宝、信德宝等。

2. 大豆食心虫的防治

在成虫盛发期，可采用 2.5%敌杀死 375~450mL 或 5%来福灵 225~300mL 或 20%灭扫利（甲氰菊酯）+磷酸二氢钾（2.5~3kg/hm^2）+药笑宝（喷液量）1%。

六、化学调控

行间覆膜能提墒、增墒、增温，肥料利用率高，大豆植株生长旺盛，因此，应视植株生长状况，在初花期选用多效唑、三碘苯甲酸等化控剂进行调控，控制大豆徒长，防止后期倒伏。

七、收获

收获时，可采用分段收获和联合收获，当田间植株 70%以上落叶，植株变黄时，进行机械或人工割晒。

当大豆叶片全部脱落、茎干草枯、籽粒归圆呈本品种色泽、含水量低于 18%时，用带有挠性割台的联合收获机进行

机械直收。

收获的标准：要求割茬不留底荚，不丢枝，田间损失小于3%，收割综合损失小于1.5%，破碎率小于3%，“泥花脸”小于5%。

第八章　大豆套种技术

第一节　大豆玉米带状复合套种

一、大豆玉米带状复合种植技术优势

（一）高产出

在大豆玉米带状复合种植中，玉米为主要农作物，其具有生长周期短、光合作用效率高、耐贫瘠等特点，能够快速适应当地生态环境条件，实现高产高效。而大豆则可以发挥固氮作用，增强土壤肥力，保证粮食生产稳定。互相复合种植可实现二者互利共生，充分挖掘各自增产潜力，从而大幅提升单位面积产量。密植适当、行穴配置科学、田间管理精细是实现高产的基础保障。其中，适宜的株型结构是获得高产的前提条件之一。

研究表明，玉米紧凑型株型有利于群体通风透光，提高光能利用效率，进而提高单产水平。因此，选用紧凑型玉米品种并进行合理配置显得尤为重要。与传统间作模式相比，大豆玉米带状复合种植模式下玉米所占比例较高，可达到70%左右，意味着更加充足的光照和养分供应。

（二）机械化

大豆玉米带状复合种植技术的栽植行为宽窄行交替进行，便于机械化作业。同时，大豆玉米带状复合种植模式下，玉米

秸秆粉碎全覆盖还田，避免焚烧造成环境污染，利于推进农业绿色循环发展。此外，该模式下玉米收获后地表残留大量玉米籽粒，可用于加工优质饲料或直接出售，经济效益显著。不仅适合家庭式农户经营，还适合规模化农场经营。调查显示，目前我国很多地区已经出现多个大型农场采用该技术开展大豆玉米带状复合种植，取得了良好效果。

（三）可持续

大豆玉米带状复合种植技术中，大豆根系分泌物能够抑制土传病害的发生，减少化肥农药使用量，保护农田生态环境。同时，玉米残茬还田腐解产生的有机物质可供给大豆继续生长，形成良性循环。该技术优良的种养结合型现代农业模式，既能满足国家粮食安全需求，又能推动农业产业转型升级，加快一二三产业融合发展进程。

二、大豆玉米带状复合种植技术要点

（一）选择优良品种，科学处理种子

需选择株型紧凑、抗逆性强、抗病虫能力突出的优良玉米品种。通常会选择“川单 10 号”或者“雅玉 8 号”等品种。这些品种具有生育期适中、后期脱水快、品质优、产量高等特点。而大豆的品种选择需要选择耐密植、耐阴、早熟丰产、蛋白含量高的品种。常用的有南农 1136、南农 1138 以及黑河 43 等品种。

要提前精选种子，剔除霉变、破损及杂质颗粒。然后进行包衣处理，防治地下害虫、苗期立枯病等。

播种前将种子浸泡于适量药剂中，以防治地下害虫。之后晾晒 1~2d，结合玉米及大豆生产中耕除草培土，施足底肥。一般情况下，每公顷施用有机肥料 30t 左右，纯氮、五氧化二磷、氧化钾分别为 10kg、5kg 和 10kg。播种前用 26%丁 · 胺卡

那水分散粒剂按照说明书要求兑水喷淋，防治杂草。然后进行深翻整地，做到上虚下实，地面平整，高低差小于3cm。最后按照一定行距开沟，人工覆膜点播。

（二）免耕机械精播

土壤相对含水量为70%～80%时即可开始播种。

采用大豆玉米带状复合种植模式，应当注意控制好播种深度，一般情况下，深度保持在3～5cm最佳。如果墒情不好或者天气干旱，可适当加深播种深度。6月中旬前要密切关注当地降水情况，及时排灌。若遇到连续阴雨天，容易导致土壤过湿板结，影响出芽。此时应适时镇压保墒，防止幼苗徒长。进入雨季后，做好排水防涝工作，避免因雨水过多导致烂种死苗现象。

如果土壤墒情不够，可先灌溉再播种。但要注意控制好灌溉水量，避免过大引起畦埂积水。播种结束后立即铺设滴灌带，覆盖地膜，增温保湿，促进发芽整齐。

建议采用单粒精密播种机播种，确保一播全苗。

播种时应严格把控播种密度，一般情况下，亩保苗数在1.5×10^4～2.0×10^4株。播种时要均匀一致，覆土严密，镇压严实。玉米播种深度为3～5cm，大豆播种深度为3～5cm。播种完成后，及时覆盖一层细干土，以不见种子为宜。大豆播种时，种子与肥料需分开堆放，以防混杂。施肥应掌握基肥重施、追肥轻施原则，一般情况下，亩施农家肥$3m^3$左右，尿素5kg左右，硫酸铵10kg左右。

大豆玉米复合种植模式有别于其他单一种植方式之处在于，它充分利用了空间资源，增加了复种指数，有效缓解了用地紧张问题。通过合理密植，优化田间布局，配套先进农机具，可大幅度提高单位面积产量，降低生产成本，实现农业可持续发展。大豆的株行距分别为8～11cm和9～12cm，玉米的株行距为50～60cm和40～50cm。在合理范围内可适当缩小玉

米、大豆间距，使其相互交错分布，达到优势互补、协调生长的目的。具体而言，大豆玉米带宽度以 1m 为佳，这样既有助于田间通风透光，又不至于对彼此的生长发育造成不良影响。

（三）播种后管理

1. 节水省肥栽培

玉米进入大喇叭口期，可在周围 10~15cm 处打孔放风，加速花粉传播，保证授粉质量。此期是决定穗大小、粒多少的关键时期，应加强肥水管理，巧施攻苞肥，一般追施纯氮肥 120~180kg/hm^2，氯化钾 150~225kg/hm^2。鼓粒初期至中期是营养生长向生殖生长转化的关键阶段，应叶面喷施磷酸二氢钾等叶面肥，延长叶片功能期，增强光合作用效率，提高结实率。通常每间隔 7d 喷施 1 次液态肥料，可选用水溶性肥料或固体肥料。例如，可喷施浓度为 1%的尿素溶液或浓度为 0.2%的磷酸二氢钾溶液。也可以采用冲施方法，即将液体肥料溶解于水中，随水滴入土壤表面，均匀喷洒。如果大豆生长关键期遇到干旱天气，则应及时浇水抗旱。大豆开花期不能缺水，否则会严重影响正常开花受精。

2. 除草

大豆玉米带状复合种植模式的杂草防除原则是“一封、二杀、三补”。所谓“一封”就是指在整个生育期都要坚持封闭灭草。在播种后出苗前，可用 50%乙草胺乳油 1 500 倍液喷雾封闭地表。在杂草 2~4 叶期，选用 10%高效氟吡甲禾灵乳油 1 500 倍液+20%氰氟草酯悬浮剂 1 500 倍液混合喷施茎叶。在大豆封垄前进行第二次喷药，这时候大部分杂草已经死亡，只剩下少量宿根性杂草。针对这些残留杂草，可使用专用除草剂进行定向清除。

大豆与玉米应同时播种，播种后至出苗前，可利用玉米田作为遮蔽物来保护大豆幼苗。待大豆出齐后，及时去除遮挡物并开展第三次除草作业。此时主要针对大豆田中的阔叶类杂草，可用50%扑草净可湿性粉剂1 500g/hm^2兑水喷雾。土壤封闭除草的效果受土壤环境温度、湿度、光照强度等因素的影响较大。因此，在实际操作过程中，应根据不同地区气候条件灵活调整用药时间和剂量，以获得最佳除草效果。此外，还应注意轮换使用不同类型的除草剂，避免长期应用同一类药剂产生抗药性。

如果土壤封闭处理未取得理想的效果，可在玉米出苗3~5叶期，选择气温较高的下午进行除草。此时杂草多为低龄小草，耐药性较强，且不易被高温杀死。处于2~5叶期，药剂可选择乙羧氟草醚乳油（EC）、氯氟吡氧乙酸异辛酯（SC）等。

此类药剂具有触杀和胃毒双重功效，能够迅速抑制杂草地上部分生长，但对地下根部无效。不可选择高效氟吡甲禾灵、烯草酮等激素型除草剂，这类药剂易对作物产生副作用，甚至导致畸形等为害。当土壤有机质含量低于3%时，大豆玉米难以扎根，易出现缺苗断垄现象。此时应及时补充底肥，将化肥深埋于土壤中，形成团粒结构，改善土壤通透性，提高养分供应能力。

对于已经发生除草剂药害的田块，选择赤霉酸、吲哚丁酸等植物调节剂进行补救。在喷施药物的同时加入一定量的植物调节剂，不仅能减轻除草剂的伤害，而且有助于恢复作物生长。选择喷杆喷雾机进行定向喷雾时，需提前安装好防护罩，避免农药飘散到周边环境中。同时，应根据不同作物品种及生长特性确定适宜的喷头流量和压力，做到精准喷施。喷施除草剂时要选择晴日、最低温≥4℃的天气，避开中午高温时段，防止产生药害。

（四）机械收获

玉米苞叶颜色转为黄色、松散下垂，籽粒变硬即可开始机

械化收获。收获时最好用玉米联合收割机进行作业，割茬高度控制在15~20cm。

由于大豆秸秆比较坚硬，不适合直接粉碎还田，所以需要先切碎再进行收集。大豆玉米带状复合种植技术多采用宽窄行种植方式，便于大型农业机械进行作业。

在土地较为平整、地势相对平坦的区域，可推广应用自走式玉米免耕精密播种联合收割机进行作业。该设备具有适应性广、工作效率高等优点，特别适合规模化经营主体使用。具体收获时间要结合当地气候变化情况而定。若当年降水充沛，则可适时早收；反之，则晚收。

第二节　地膜西瓜/玉米大豆间套种

一、模式应用条件

年平均气温≥11℃，年无霜期≥195d，全年≥0℃积温4 000℃以上，≥10℃积温3 300℃以上，年日照时数2 000h，年降水量≥700mm。土层深厚、土质沙壤、保水保肥性能良好的肥沃田块。前茬为禾本科或豆科作物，忌与葫芦科蔬菜重茬或迎茬。适用于城镇郊区周围、交通便利、具有水利灌排条件、农艺水平较高的村社。

二、茬口安排

第一茬西瓜4月5日前播种育苗，5月5日前后大田定植，7月中旬收获。第二茬大豆6月5日前后播种，10月上旬收获。第三茬玉米6月15日前后播种，9月下旬至10月上旬收获。

三、西瓜栽培技术

（一）选地整地

选择地势平坦、有灌溉条件的肥沃田块，以沙壤土田块为好。前茬以禾本科或豆科作物为好，不宜选用前茬为葫芦科作物的田块。选好地后，在冬季封冻前机械深翻。结合深翻，用土菌净或敌克松进行土壤处理，杀灭土传病菌。开春土壤解冻后，耙耱平整田块，按 170～200cm 带形作垄（因品种、地力确定带型垄距）。移栽前趁墒施肥，施腐熟厩肥或农家肥 60t/hm^2、尿素 75 kg/hm^2 、磷酸二铵 300kg/hm^2、硫酸钾 150kg/hm^2、饼肥 450kg/hm^2；农家肥沟施，化肥穴施。

（二）品种选择与处理

选择抗病性强、丰产稳产、外观和内在品质好的庆发 11 号、庆发 12 号、庆发黑马、庆抗 17 号等中晚熟西瓜品种。播前晒种 2d，然后将种子放入 50～60℃温水中浸种 10～12h，捞出清水冲洗，放入瓷盘内，上覆温毛巾进行催芽（温度不超过 35℃），待种子露白后播种。

（三）播种育苗

做好苗床，配营养土装好营养钵，4 月 5 日前选晴天播种，播后浇水搭棚覆膜保温。播后 7d 即可全苗，2 叶 1 心时通风炼苗。棚膜完全揭开后用 75%敌克松可溶性粉剂 500 倍液或 70%代森锰锌可湿性粉剂 1 000 倍液交替喷洒，防治苗期病害。

（四）移栽定植

5 月 5 日前后，瓜苗 4 叶 1 心期进行移栽，垄内定植 1 行西瓜，株距 70～80cm，覆盖地膜。栽后及时浇定根水，结合浇水喷土蚕一扫光防治地下害虫。

（五）田间管理

采用三蔓整枝，在主蔓基部选留 2 条健壮侧蔓，及时剪除其余侧蔓。整枝在晴天午后进行，避免伤口感染。主蔓长 50～60cm、侧蔓长 15～20cm 时，在主蔓 40cm 左右处进行第一次压蔓；以后每间隔 4~6 节（约 50cm）再压 1 次；主蔓、侧蔓都要压，压蔓时要使瓜蔓在田间均匀分布。生果节雌花出现前后两节处不能压。在 8～12 个叶片间留 2～3 个幼果，当幼果长至鸡蛋大、果毛脱落、果面呈现光泽时及时选留定瓜，摘除其余幼果。选留定瓜后，及时追施膨瓜肥，施尿素 150kg/hm^2、硫酸钾 150kg/hm^2，或用发酸的豆浆、豆油、菜油（30kg/hm^2）打孔灌根。膨果后期，注意雨后排水，防止裂果。

四、大豆栽培技术

（一）播种

选用秦豆 8 号、徐豆 9 号、吉林大豆等大豆品种。6 月 5 日前后，西瓜主蔓长超过 50cm 时，在西瓜行间距西瓜 40～50cm 处挖穴播种 2 行大豆，穴距 30~40cm。留苗 5~8 株/穴。

（二）田间管理

大豆属中耕作物，在幼苗期可多次中耕、除草松土，一般进行 3 次。幼苗出土、子叶展开时第一次中耕，深 3～4cm；幼苗高 10～13cm 时进行第二次中耕培土，深约 5cm；开花前进行第三次中耕培土，宜浅耕、不伤根，并拔除苗间杂草。

适时进行间苗，苗与苗之间保持 3cm。间苗时，应拔除病苗、损坏了子叶的苗和弱苗，缺株的应带水补苗，保证齐苗。摘心可控徒长，促成熟，提产量。大豆需肥较多，一般施足底肥的基础上，在苗期、开花期、结荚期可看苗施肥，看土质施肥。

（三）适时收获

大豆收获期为进入黄熟期后至完熟期，收获期较短，一般为3~5d，应及时做好准备。一般10月上旬成熟，适时收获，收割时间宜趁早上露水未干时进行。

五、夏玉米栽培技术

（一）播种

选用生育期95~100d的郑单958、兴民339、新户单四等玉米品种。6月15日前后，定瓜后在西瓜株间播种玉米，株距30~40cm，双株留苗。

（二）田间管理

当玉米3~5叶时进行一次性间定苗，去弱苗、小苗、病苗，选留粗细和高低一致的壮苗。定苗后至抽雄前，结合田间管理多次拔除弱株，降低田间空株率，提高群体整齐度。

按叶龄指标，玉米全生育期分3次施肥，拔节期6~7片展开叶（播后25d）时追施尿素225kg/hm^2，大喇叭口期12~13片展开叶（播后45d）时追施尿素375kg/hm^2，吐丝期追施尿素150kg/hm^2，做到前轻、中重、后补足。适时浇水，苗期田间持水量保持60%，拔节和抽雄后田间持水量保持70%和80%。

土壤水分不足时，及时浇水。另外，在玉米拔节期，结合施肥中耕培土1次。于杂草3叶期前，用玉米专用除草剂40%乙莠水悬浮剂2 250mL/hm^2，兑水600kg均匀喷洒，除草效果良好。

（三）适时收获

一般9月下旬至10月上旬成熟，当玉米苞叶枯黄、籽粒变硬、果穗中部籽粒乳腺消失、黑色层出现、籽粒含水量下降30%左右时及时收获。

第九章　大豆生理性病害及自然灾害的预防

第一节　营养缺乏症及预防

当某种营养元素在大豆体内缺乏时，会导致一系列物质代谢和运转障碍，表现出营养失调症状。大豆缺乏不同的营养元素，植株往往形成有特征特性的症状，表现在作物的根、茎、叶等器官的异常生长及推迟或提早作物生育时期，最终导致减产。可以根据大豆的症状，判断其缺乏的营养元素种类，及时科学地增加大豆营养，提高大豆产量。

一、大豆营养缺乏症的表现

（一）缺氮

大豆缺氮时，导致蛋白质合成减少，细胞小且厚，细胞分裂少，植株生长缓慢而矮小，叶小且薄，易脱落，茎细长；在复叶上沿叶脉有平行的连续或不连续铁色斑块，褪绿从叶尖向基部扩展，乃至全叶呈浅黄色，叶脉也失绿。缺乏氮素时，新生组织得不到充足的氮素供应，老叶蛋白质就开始分解为氮和氨基酸，向新生部位转移，氮素被再度利用；老叶蛋白质被分解，又得不到氮素供给，发生死亡。随着新叶的生长，叶片的枯黄症状由下部老叶向上部发展，严重时直至顶部新叶。

（二）缺磷

大豆缺磷时，植株瘦小，叶色变深呈浓绿或墨绿色，无光

泽，叶厚，凹凸不平，叶片尖窄直立；茎硬且细长，生长缓慢，根系不发达，严重时茎和叶均呈暗红色；花期和成熟期延迟，开花后叶片呈现棕色斑点，根瘤小且发育不良。植株早期叶色深绿，以后下部叶叶脉间缺绿。缺磷症状一般从茎部老叶开始，逐步扩展到上部叶片。籽粒小。缺磷严重时，叶脉黄褐，后全叶呈黄色。

(三) 缺钾

因为钾在大豆体内移动性较大，再利用程度高，所以大豆缺钾症状要比缺氮、磷出现的时间晚。典型缺钾症状是在老叶尖端和边缘开始产生失绿斑点，后扩大成块，斑块相连，向叶中心蔓延，后期仅叶脉周围呈绿色。黄化叶难以恢复，叶薄，易脱落。缺钾严重的植株只能发育至荚期。根短、根瘤少，植株瘦弱。严重时在叶面上出现斑点状坏死组织，最后干枯成火烧焦状。

(四) 缺钙

大豆是需钙较多的作物，缺钙的大豆根系呈暗褐色，根瘤着生数少，固氮能力低，花荚脱落率增加。开花前钙不足时，叶边缘出现蓝色斑点，叶深绿色，叶片有密集斑纹。叶缘下垂、扭曲，叶小、狭长，叶端呈尖钩状。结荚期缺钙，叶色黄绿，荚果深绿至褐绿色，并有斑纹，延迟成熟。钙在植物体内移动性很小，再利用率低。缺钙严重时，顶芽枯死，上部叶腋中长出新叶，不久也变黄。当土壤钙含量很丰富，但土壤水分较少时，大豆也容易发生缺钙症状。

(五) 缺镁

镁是叶绿素的组成成分和多种酶的活化剂，对大豆的营养作用是多方面的。在 3 叶期即可显症，多发生在植株下部。大豆缺镁时，早期叶片变淡绿色以至黄色，并出现棕色小斑点；后期表现为叶片边缘向下卷曲，并由边缘向内逐渐变黄，或呈

青铜色。

（六）缺硫

硫是大豆蛋白质形成所必需的元素，且在作物体内移动性不大。缺硫表现为叶片失绿和黄化比较明显，且顶部叶片较下部表现明显；染病叶易脱落，迟熟；大豆籽粒品质下降。

（七）缺铁

铁是大豆根瘤菌中豆血红蛋白的成分，也是根瘤固氮酶中钼铁蛋白的成分。缺铁时固氮酶没有活性，根瘤菌也不能固氮；早期上部叶片发黄并微卷曲，叶脉仍保持绿色；严重缺铁时，新长出的叶片包括叶脉几乎变成白色，而且很快在靠近叶缘的地方出现棕色斑点，老叶变黄、枯萎而脱落。大豆缺铁的症状多发生在 pH 值较高的土壤中。

（八）缺硼

硼能促进碳水化合物的运输。在 pH 值大于 7 的碱性土壤中易缺乏硼元素。4 片复叶后开始发病，花期进入盛发期。新叶失绿，叶肉出现浓淡相间斑块，上位叶较下位叶色淡，叶小、厚、脆。缺硼严重时，顶部新叶皱缩或扭曲，上、下反张，个别呈筒状，有时叶背局部现红褐色。生长发育受阻，不开花或开花不正常，结荚少而畸形，迟熟。主根短、根颈部膨大，根瘤小而少。主根顶端死亡，侧根多而短，僵直短茬，根瘤发育不正常。严重者导致大幅度减产甚至绝收。

（九）缺锰

大豆对锰的反应比较敏感，在大豆植株中，锰大部分集中分布在幼嫩器官及生长旺盛的器官中。大豆缺锰时，新叶失绿，叶两侧生橘红色斑，斑中有 1~3 个针孔大小的暗红色点，后沿脉呈均匀分布大小一致的褐点，形如蝌蚪状。后期，新叶叶脉两侧着生针孔大小的黑点，新叶卷成荷花状，全叶色黄，黑点消失，叶脱落。严重时顶芽枯死，迟熟。

（十）缺铜

大豆缺铜时，植株生长瘦弱，植株上部复叶的叶脉呈绿色，其余部分呈浅黄色，呈凋萎干枯状，叶尖发白卷曲，有时叶片上出现坏死的斑点。侧芽增多，新叶小且丛生。缺铜严重时，在叶片两侧、叶尖等处有不成片或成片的黄斑，斑块部位易卷曲呈筒状，大豆植株矮小，严重时花荚发育受阻，不能结实。

（十一）缺锌

大豆缺锌时，植株生长缓慢，下位叶有失绿特征或有枯斑，叶片呈柠檬黄色，出现褐色斑点，叶狭长，扭曲，叶色较浅。植株纤细，迟熟。严重缺锌时，引起“小叶病”和“簇叶病”，导致大豆减产。

（十二）缺钼

大豆是喜钼作物。钼缺乏时，大豆植株矮小，叶色转黄，叶片上出现很多细小的灰褐色斑点，叶片增厚发皱向下卷曲，上位叶色浅，主、支脉色更浅。支脉间出现连片的黄斑，叶尖易失绿，后黄斑颜色加深至浅棕色。有的叶片凹凸不平且扭曲。有的主叶脉中央，出现白色线状。根瘤发育不良。

二、大豆缺素症的预防方法

（一）增施有机肥

每亩施用腐熟的有机肥 1 000~2 000kg，可预防大豆多种矿质元素缺乏症，也是重要的增产措施之一。

（二）田间灌水

大豆花期保持土壤湿润，但田间灌水要防止大水串灌、漫灌，避免土壤养分流失。

（三）补施化肥及微量元素

在有机肥不足的大豆产区，补施化肥及微量元素，可预防大豆缺素症。

1. 补施尿素

在分枝或初花期每亩追施尿素 3～5kg 或每亩用 1%尿素 50kg 喷施，可预防或矫正大豆氮素缺乏症。

2. 补施过磷酸钙

每亩基施 15～25kg 过磷酸钙，可预防大豆缺磷、缺硫。

3. 补施硫酸钾

每亩施 5kg 硫酸钾或 80kg 草木灰、窑灰钾肥，或出现缺钾症后喷 0.5%硫酸钾液 50kg，可防治大豆缺钾症，钾肥可作底肥或追肥，施用时间宜早不宜迟。

4. 补施石灰

每亩施含镁丰富的石灰 75kg，可防治大豆缺钙及缺镁症。

5. 补施硫酸亚铁

常用硫酸亚铁作根外追肥，每亩喷施 50kg 0.3%～0.5%的硫酸亚铁，可防治大豆缺铁症。

6. 补施硫酸锌

用硫酸锌作基肥、种肥或追肥，但更适合种子处理和根外追肥。拌种 500g 种子用 1～3g，浸种浓度为 0.02%～0.05%；根外追肥浓度为 0.01%～0.05%，每亩用 60kg 溶液。

7. 补施硫酸锰

硫酸锰可作基肥、种肥、追肥。基肥每亩用 1～4kg；拌种 500g 种子用 2～4g，浸种浓度为 0.05%～0.1%，浸种 12～24h；根外追肥浓度为 0.05%～0.1%，每亩用 60kg 喷施。

8. 补施钼肥

钼肥可作基肥、拌种、浸种和根外追肥。常用的钼肥品种为钼酸铵，基肥亩用50~200g；拌种500g种子用1~3g，将钼酸铵用适量的40℃温水溶解，晾凉后拌种；浸种浓度为0.05%~0.1%，浸泡12h；根外喷施浓度为0.02%~0.05%，每亩喷50~75kg，在苗期或现蕾期施1~2次效果更好。

9. 补施硫酸铜

每亩喷施50kg 0.1%硫酸铜，可防治大豆缺铜。

10. 补施硼酸、硼砂

硼酸和硼砂，可作基肥、追肥和根外喷施。每亩用125~500g硼砂与有机肥混匀作基肥或与适量氮肥混匀追施；也可每亩施0.3kg硼酸或用0.1%硼砂拌种，可防治大豆缺硼。硼肥施用必须按推荐用量控制，以防造成硼中毒。

第二节 低 温

一、大豆萌发和苗期阶段低温灾害的防救策略

（一）适当降低播种深度，缩短大豆出苗时间

大豆播种深度直接影响幼苗出土速度，播种过深，加之地温低，幼苗生长慢，组织柔嫩，地下根部延长，根易被病菌侵染，使病情加重。

（二）播前浸种预处理

应用固体种衣剂“大豆微复药肥1号”进行大豆种子包衣，或用2%菌克毒克播前拌种防治大豆根腐病。出土后，应用2%菌克毒克喷洒叶面。也可用25%甲霜灵可湿性粉剂800倍液或72%杜邦克露可湿性粉剂700倍液兑水喷雾，叶面喷洒

时可兑叶面肥。

（三）播后覆盖及免耕播种机的应用

近几年，根据黄淮产区麦茬播种大豆困难的生产实践，研发出免耕播种机，该免耕播种机由免耕覆盖、种肥施用、精量播种等多项技术集成，可一次性完成麦茬处理、播种、施肥、喷施除草剂等作业，而且麦茬可以起到覆盖作用，可减少冷害年份出芽不好或荚而不实的现象发生，由此减轻低温对大豆产量产生的影响。

（四）选用适宜品种，提高种子纯度

大豆芽期、苗期低温条件的生长发育情况，不同种质间有很大差异，这是由大豆不同种质间耐低温的遗传特性不同所造成的。这种耐低温性在同一种质中相对来说是较稳定的，进而导致大豆不同种质耐低温性不同，这是育种科学家进行耐低温种质筛选的基础。农户可以根据当地气候特点和种植习惯，选择耐低温、抗倒抗病、优质中早熟新品种，同时，供种单位要确保所提供种子的纯度和原有的优良品性。近几年，适宜黄淮地区种植的大豆优良品种有豫豆 22 号、郑 92116、郑 196、郑 7051 等。

（五）适时早播，合理密植

适时早播，可以充分利用当地光热气候资源，避免偏晚熟品种生育后期受低温不利因素的影响。夏大豆适期早播，可明显提高产量。大豆播期一般为：春播大豆在 4 月 25 日至 5 月上中旬，夏大豆在 6 月 5—20 日。合理密植，根据品种特性制定该品种的配套栽培制度，确定适宜种植密度，创造合理的群体结构。郑 92116 品种每公顷种植 18 万株左右，郑 196 品种每公顷种植 18 万~22. 5 万株。

（六）科学施肥，保持营养均衡

遵循“适施氮肥，增施有机肥，配施磷钾肥和微肥” 的

原则。首先，以优质有机肥配适量氮、磷作基肥，培育壮苗，一般施底肥磷酸二铵20kg、尿素3~4kg、硫酸钾6~7kg；未施底肥的可在开花前追肥，一般每公顷追施磷酸二铵105~150kg、尿素22.5~30kg、硫酸钾45~60kg。花荚期叶面喷肥，每公顷用尿素6kg+磷酸二氢钾2.25kg兑水750kg，每隔5~7d喷1次，连喷2~3次，提高苗期抗低温能力。

二、大豆鼓粒期低温灾害的防救策略

（一）提早播种

根据不同地区的气候特点和不同地区大豆生育所处时段的光温变化，选播适宜的大豆品种，趋利避害，适时早播，抢积温，使大豆顺利进入鼓粒期，防止荚而不实。

（二）调整栽培制度

首先，调整播种期，使大豆生长发育处于适当的光周期时段，正常完成籽粒生育鼓粒，避免荚而不实；其次，改变大豆施肥不合理的习惯，根据大豆需肥规律，进行科学配方施肥。若中后期出现缺肥现象，可适当喷施0.1%~0.2%的磷酸二氢钾溶液，补充营养，避免中后期缺肥而早衰。

（三）加强田间管理，防治病虫害

干旱时适时适量浇水，满足大豆生长发育对水分的需求。大豆鼓粒期根外喷肥，能缓解大豆需肥与供肥的矛盾，加速同化产物的积累、转化和运输。此期根外喷肥可促进养分向籽粒转运，减少和避免秕粒，促进籽粒饱满，增加粒重，提高产量。

（四）选用耐低温品种

耐低温发芽的大豆和若干形态性状有一定关系，不同种皮色大豆品种的相对发芽率（6℃发芽率/25℃发芽率×100%）均值相差很大，耐冷性强弱的趋势是：黑豆>褐豆、

双色豆>青豆>黄豆。从粒形看，粒形与耐冷性也有很大关系，耐冷性强弱的趋势是：肾状粒>扁椭圆粒>椭圆粒>圆粒。籽粒大小与耐冷性也有较大关系，耐冷性强弱的趋势是：小粒品种>大粒品种。

（五）选用相对早熟品种

在易发生冷冻害地区，尽量选用早熟品种，采用晚播密植方法躲过早晚霜。

（六）加强田间管理

加强田间管理，提高土壤肥力，使植株营养状况良好，易于抵抗低温和恢复。

第三节　高　温

一、适时早播

根据高温气候出现的规律，结合大豆形成产量的关键阶段，适时早播，避开苗期和开花期的高温天气。

二、及时灌溉

在大豆花荚期出现持续高温天气，一般伴有干旱发生。所以，此时应及时灌溉。另外，水温比地表温度低得多，灌水降温可以改善田间小气候，能缓减高温对大豆的伤害，大豆开花坐荚期也是生理需水关键时期，所以需要及时灌溉。

三、喷施微肥

一些微量元素，如锌离子在植物体内能加强蛋白质的抗热能力，硼对于碳水化合物运输是必不可少的，钼促进大豆根瘤固氮。所以，在高温来临之前喷施磷酸二氢钾或上述微肥都能

有减轻高温伤害的作用。

第四节　干　旱

一、节水抗旱技术

我国农业灌溉用水利用率仅为45%，而发达国家的利用率已达到了70%。资源短缺及利用率较低的现状使得我国水资源显得更加匮乏。因此，提高节水抗旱技术显得越来越重要。

（一）节水灌溉技术

在各种栽培耕作措施中，灌溉方式对株间蒸发的影响最大。大水漫灌或畦灌使土壤表层普遍湿润，株间蒸发损失的水分最多，沟灌次之，渗灌和滴灌可以做到土表基本不湿润，株间蒸发损失的水分最少。此外，中耕松土，切断土壤表层与下层的毛细管联络，也是减少株间蒸发的有效手段。

（二）水肥耦合技术

在干旱条件下，可以通过培肥地力、增施肥料来减轻干旱的危害，这种效应被称为“水肥耦合效应”。水肥耦合效应因土壤类型、土层厚度、土壤含水量、作物的生育期、作物及肥料的种类不同而有区别。大致的规律是：土壤含水量过低时，施肥的效果较差，特别是氮肥过多反而加剧干旱的危害，只有在中度干旱的条件下，才能发挥以肥调水的效果；不同肥料间，磷素在弥补水的不足、提高抗旱性方面的效果更加突出。

（三）保水剂的应用

保水剂又称高吸水性树脂，属于高分子电解质。这种高分子化合物的分子链有一定的交联度，呈复杂的三维结构，

在网状结构上有许多羧基、羟基等亲水基团。与水接触时，其分子表面的亲水基团以氢键与水分子结合，可吸持大量水分。而网链上的电解质使其中的电解质溶液与外部水分之间产生渗透势差，可将外部的水分吸入保水剂内部。保水剂的吸水性是由树脂的亲水性和渗透势这两个因素决定的。种子涂层后，不仅具有保温作用，而且保水剂吸收土壤有效水分后使种子周围形成一个“小水库”，供应种子发芽、出苗，利于苗齐、苗壮。

经保水剂涂层处理的大豆种子播种后，其根量增加30.2%~45.2%。而用不同剂量的保水剂沟施，则使大豆根量增加35.7%~60.3%。由于根系比较发达，地上器官生长发育也得到促进。

在半干旱、干旱地区，或在保水不良的沙壤土、坡耕地上，用保水剂对大豆种子进行涂层处理，可以提高出苗率，促进根系早发，增加根瘤数。保水剂与硼砂、硫酸铁配合使用效果更佳。这可能与保水剂改善大豆根际水分状况，并使铁成为还原状态有关。

但是，保水剂毕竟不是造水剂。土壤原有含水量不同，保水剂的效果也不一样。土壤含水量为10%时，大豆胚根可以伸长，但不能破土；含水量为12%~14%时，出苗率为50%左右；含水量为16%时，出苗率为87.6%左右。当土壤含水量提高到18%时，出苗率反而下降为75%左右。对于大豆来说，采用保水剂种子涂层的适宜土壤含水量为16%左右。

二、化学抗旱

在提高作物抗旱能力方面，喷施抗旱性叶面肥是最简单和最有效的，也是最经济实用的措施。抗旱性叶面肥主要由氮、磷、钾等大量元素和硼、锌、钼等微量元素，配以适量的氨基酸、黄腐酸、糖类、维生素、脱落酸等物质，通过特

殊化学生产工艺螯合而成。在干旱发生之前或发生过程中，喷施此类叶面肥，可以提高植物根系活力，加强对土壤水分和养分的吸收，提高根冠比，进而提高作物耐旱能力；调节植株体内代谢平衡，提高原生质黏度和细胞液浓度，提高植物体内脯氨酸含量，消除因为干旱缺水而使植物体内积累氨过多造成的中毒；调节叶片气孔开张度，在维持一定二氧化碳浓度进入、保持必要光合作用的同时，减少蒸腾作用，提高作物抵御干旱的能力，使作物在干旱条件下保持旺盛生长，减少因为干旱而使植物矮小、开花结实减少、籽粒品质变差、产量降低的现象发生。提高大豆抗旱性可采取种子处理和叶面喷施两种途径。

三、生物制剂

接种高效根瘤菌，对一般干旱年份和无肥田块的增产效果比较显著。AM（丛枝菌根）菌对大豆水分状况的影响研究结果表明，AM 菌可提高蒸腾速率、根系水分传导力，降低气孔阻力和叶片水势，增加植物叶片光合速率，增加蒸腾和水分传导，从而改善大豆的水分状况，增强植株的抗旱能力。

四、抗旱技术

（一）抗旱播种

旱作大豆播种时期，降水量少，风大气燥，干旱不仅严重且频繁发生，导致播种困难。采用抗旱播种措施有助于问题的解决。

适宜的播期取决于温度和水分两个主要条件。当土表5cm地温稳定在 10～12℃时，就可以播种了。但是干旱地区往往土壤水分还达不到要求，不能适时播种，需对播期和播法进行调整。在适宜播种期范围内可提前或推后播种，通常

调整播期范围是最适播期前10d、后20d。在调整播种期许可范围内，还无法播种时，需要更换早熟品种，继续扩大调整范围。

在底墒不好、表墒不足的情况下，播前镇压土壤1~2次，把底墒提到播种层，然后播种，播后再进行镇压。

当表层干土达5~10cm而下层底墒好时，可扒土探墒深种，将种子种在湿土上，并根据大豆品种顶土力强弱确定覆土厚度。当表土及深层土壤均干旱时，离水源较近的地块可开沟、刨窝担水点种。

（二）耕作保墒

耕作保墒的主要任务是经济有效地利用土壤水分，发挥土壤潜在肥力，调节水、肥、气、热关系，提高作物防御抗旱的能力，其中心是创造有利于作物生长的水分条件。原则上尽可能保存多量的雨水，节制地面蒸发，减少土壤中水分的不必要消耗，做好保墒工作。

大豆是深根作物，深耕土壤是大豆增产的一项重要措施。深耕增产的原因是接纳雨水、加速土壤熟化、提高土壤肥力。前茬作物收获后尽量提早耕期，并做到不漏耕、不跑茬、扣平、扣严、坷垃少。为了保好墒、多蓄水、促壮根，旱地大豆生育期间进行深中耕2~3次，耕深6~10cm，促进根系向下扩展，做到有草锄草、无草保墒。

（三）地面覆盖抗旱

近年，覆盖栽培在旱作农业中已得到广泛的应用，留茬、覆草，特别是塑料薄膜覆盖，对节约用水、提高水分利用效率都有十分显著的效果。在大豆一生的总耗水量中，株间蒸发占50%~60%。因此，减少株间蒸发是提高水分利用效率的最有效途径。覆膜穴播及膜际条播均能有效地促进大豆营养生长和生殖生长，使覆膜大豆的株高、分枝数及主茎节数显著地高于露地条播的对照处理，各项产量性状也明显优于对照组，不但减少了总耗水量，还显著提高了大豆产量、田间水分利用效率和经济效益。

大豆行间覆膜，选用厚度为0.01mm、宽度为60cm的地膜。尽量选择拉力较强的膜，以利机械起膜作业。大豆平作行间覆膜要改变以前80cm宽度的膜为60cm，使田间分布更为均匀，有利于提高产量。要求覆膜笔直，100m偏差不超过5cm，两边压土各10cm。风沙小的地区，每间隔10~20m膜上横向压土；风沙大的地区，每间隔5~10m膜上横向压土，防止大风掀膜。并要使膜成弓形，以利于接纳雨水。

全膜双垄沟播技术用地膜全地面覆盖，使整个田间形成沟垄相间的集流场。将农田的全部降水拦截汇集到垄沟，通过渗水孔下渗，最后聚集到作物根部，成倍增加作物根区的土壤水分储蓄量，实现雨水的富集叠加利用，特别是对春季10mm以下微小降水的有效汇集，可有效解决北方旱作区因春旱严重影响播种和苗期缺水的问题，促进大豆的健壮生长。同时该技术增温增光、抑草防病、增产增收效果十分显著，一般比露地大豆增产40%~50%。

（四）优化施肥抗旱

播种阶段持续干旱造成大豆前期生长较弱，为补充作物营养，促进生长发育，提高抗逆性，要及时追肥。追肥要做到适时早追，防治脱肥，尤其增施钾肥，可以提高作物产量，改善品质，有壮秆、抗病、促早熟的作用。在追施氮素肥料时，施用量不能过大，追施时期不能过晚，防止贪青晚熟。

营养是抗旱的基础，施肥后植物代谢作用旺盛、根系发达、抗旱能力显著增强。旱地培肥土壤，中心在有机质。旱地区要提高秸秆还田意识，同时因时因地施用有机肥，合理使用化肥。

在旱地大豆氮素供给方面，要重视施用有机肥料。腐熟的

有机肥氮素持续缓慢释放，既保证土壤供氮，又不致造成根瘤固氮能力降低，还可调节土壤水分。花荚期追肥，大豆终花期前后，是氮素敏感时期，根瘤固氮往往满足不了要求，追肥增产显著。旱地使用高效根瘤菌拌种，如“110”菌株，可增产6%~46%。

大豆需钾量仅次于氮而多于磷。施钾使大豆植株产生抗旱特性，如根、茎、叶的维管束组织进一步发达，细胞壁和厚角组织增厚，促水能力提高。

(五) 选用抗旱、生态适宜大豆品种

选择生态适宜、抗旱性符合当地水分胁迫要求的高产品种，是最经济有效的栽培措施，充分利用好当地抗旱、耐旱的骨干品种，确保稳产。

(六) 减轻病虫害为害

大豆孢囊线虫病又叫黄萎病，俗称“火龙秧子”病，是由线虫侵染大豆根部引起的，土地干旱和风沙盐碱地发生较多。线虫侵染后，造成主根及侧根减少，须根增多，根瘤显著减少或无根瘤。被害大豆地上部矮小，叶片由下向上黄化，生育停滞，结荚减少或不结实，严重时全株枯死。土壤干旱有利大豆孢囊线虫的为害，因而适时灌水，增加土壤湿度，可减轻为害。

(七) 敏感期补水

合理调整灌溉时期，确保大豆开花时期需水量逐渐增加。到结荚鼓粒期需水量最大，这期间若缺水导致干旱，则严重影响产量。因此，应结合天气、土壤等情况考虑灌溉。灌溉方法很多，如沟灌、畦灌、喷灌等。

五、选育抗旱品种

我国每年由于干旱造成的大豆产量和品质的损失不可估

量，因此，大豆抗旱品种的培育尤为重要。我国大豆种质资源丰富，其中不乏抗旱性强的资源，这为大豆抗旱育种提供了丰富的原始材料。

第五节 洪 涝

一、灾害影响

由于雨水过多或连阴雨时间过长，造成大豆田土壤水分长期处于饱和状态，大豆根系易因缺氧而受灾。

二、预防措施

加强农田基础设施建设，挖好排水沟，并及时对大沟大渠进行一次加固检修；及时清理田内排水沟，做到能及时排出地面积水。

三、灾后补救措施

（一）短期水淹后，作物尚能恢复生长的地块

一是及时排水。大豆苗期和成熟期尤其怕涝，遭遇连阴雨、田间积水过多的豆田，应及时开沟排出积水，保证大豆正常生长。排水后，及时冲掉茎叶上的泥土，促进恢复生长。二是中耕除草。对受涝渍危害偏轻的豆田，在地面泛白时，及时中耕散墒，除去杂草。根据大豆生长情况，结合中耕进行培土，防止倒伏。三是及早追肥。一般苗期每亩追施尿素 5~10kg，可采取沟施的方式结合中耕进行。也可在大豆初花期，根外喷施磷酸二氢钾。四是及时防病治虫。大豆涝渍后，植株抗性下降，易发生锈病、蚜虫、食心虫等病虫害。可用粉锈宁防治大豆锈病，用吡虫啉防治大豆蚜虫，用溴氰菊酯等药剂防治食心虫。五是合理化控。如大豆灾后生长过旺、徒长，应合

理采用化控技术，喷施多效唑等，促壮抑旺，增花保荚，提高产量。

（二）因灾绝收地块

由于强降雨后农田被淹，短期难以排出，作物难以挽救，造成大范围绝收的地块。这类地区根据积水排出时间的早晚和农时季节的要求，及早考虑改种其他作物。

第六节　大　风

一、灾害影响

大豆倒伏，造成减产。

二、预防措施

（一）苗期适度干旱

促进根系充分下扎，提高抗倒伏能力。

（二）选用优良抗倒伏品种

选择株高中等偏矮、单株平均节间长度小于5cm、秆硬抗倒的品种。

（三）合理密植

肥地宜稀、瘦地宜密；早熟品种宜稀、晚熟品种宜密；春播宜稀、夏播宜密。

（四）化学控制

徒长大豆田初花期喷洒2，3，5-三碘苯甲酸，每亩最高用量不超过10g；或者花期喷洒矮壮素，适宜浓度0.125%～0.25%。大豆生长较差或利用早熟矮秆品种创高产，一般不开展化控。

（五）中耕培土

中耕培土，有助于植株抗倒伏。

三、灾后补救措施

因风雨而倒伏的豆田，可在雨过天晴后，用竹竿轻轻抖落大豆茎叶上的水珠，减轻压力；适当喷洒磷酸二氢钾，并加强病虫害防治，促进大豆快速恢复生长。

第七节　冰　雹

一、灾害影响

大豆的叶片损伤或子叶节被打断，造成减产甚至绝收。

二、灾后补救措施

大豆的再生能力较强，在苗期遭受雹灾后，只要子叶节未被打断，而且子叶节处有部分茎皮，经过加强田间管理，仍能恢复生长，还能形成分枝、开花、结荚。在大豆侧枝形成期受雹灾，经过中耕松土、肥水管理，一般 6d 后，子叶节上部的叶腋开始发芽，并形成分枝、开花、结荚，其产量可比翻种大豆高 10%~30%。

（一）及时中耕松土

雹灾过后容易造成地面板结，地温下降，使根系的正常生理活动受到抑制，必须及早进行中耕、晾墒，以增温通气，促使早发。

（二）浇水追施速效氮肥

灾后及时浇水追肥，可以改善大豆植株营养状况，使其在尽快恢复生长的基础上，促进后期发育，以减轻灾害损失。一

般地块，每亩可追施尿素 5~7.5kg。

(三) 加强病虫监控防治

大豆受灾后萌发的枝叶幼嫩，植株抗性低，易受病虫为害，需在灾后加强病虫监控和综合防治。

第十章　大豆常见病虫草害绿色防控

第一节　大豆常见病害

一、大豆花叶病

大豆花叶病在我国发生十分普遍，从南到北，占所测大豆病毒病标样的90%以上。发病后植株矮化，结荚稀少，流行年减产达三至七成，甚至绝收。

（一）症状

大豆花叶病的症状主要为叶片皱缩、黄斑花叶、顶枯、脉间坏死、卷叶、疮斑花叶等，但常因品种、天气条件、感染病时期和部位以及病毒株系的不同而有较大的差别。典型症状为植株显著矮化，叶片皱缩并呈现褪绿花叶，叶缘向下卷曲，有的沿叶脉两侧有许多深绿色的孢状突起。嫩叶症状较明显，老叶常不表现症状，由种子传毒或感病较早的植株，3~4叶期即出现症状。高度感病品种发病后可出现顶芽坏死，叶片上除斑驳和扭曲外，还会产生坏死小点。除典型的系统斑驳外，也可以产生局部坏死斑、系统坏死斑、枝梢坏死、矮化、小叶、鞭状叶、锥形复叶等症状，也可以无症状。病株种子上常出现斑驳纹，俗称花脸豆或褐斑粒。斑纹或以脐为中心呈放射状，或通过脐部呈带状，其形状与感病程度和寄主品种有关。斑纹色泽与脐色一致，在褐脐豆粒上为褐斑，黑脐豆粒上为黑斑，影响外观品质。

(二) 防治

防治大豆花叶病毒病应采取以选育抗病品种和消灭传毒蚜虫为主的综合防治措施。

1. 选育抗病品种

目前推广的比较抗病、耐病的大豆品种有中黄 13 号、皖豆 16、豫豆 23、豫豆 26 等，可根据当地情况选择种植。

2. 药剂防治

发病初期用抗毒型 QS－施特灵 300 倍液，或植病灵 1 000~1 500 倍液，或 20%病毒宁 400~600 倍液喷雾，隔 7~10d 喷 1 次，连喷 2~3 次。

3. 防治传毒蚜虫

防治方法见大豆蚜虫。

二、大豆顶枯病

顶枯病又称芽枯病，是大豆病毒病中对产量影响较大的一种。由于发病迟早不同，造成的损失一般在 25%~100%。

(一) 症状

多数大豆品种苗期不表现明显症状，只在叶片上出现少数锈状小点。顶枯病的典型症状出现于开花以后，病株茎顶部向下弯曲成钩状，顶端嫩叶，芽和茎变褐干枯，极易脱落，其髓部也变褐色。坏死部分可向下蔓延。叶柄上可产生褐色坏死条纹，豆荚上也有不规则形褐色坏死斑，叶片常不表现症状。受病早的植株明显矮化，不结荚或结荚很少，有的不分枝。除以上典型症状外，还可以出现植株矮化、花芽及复叶丛出、节膨大、叶呈现非正常的深绿色等症状，而且往往贪青，至收割季节还保持深绿，多不结实，病株种子外观正常，不产生褐斑粒。

（二）防治

1. 加强检疫

有些病毒病目前还只在部分地区发生，某些国外发生的毁灭性病害在我国尚未发现，还有些新的病毒病仅在试验场所开始发现。为了防止这些危险性病害继续扩展蔓延，应加强检疫，特别是产地的田间调查和国外引进品种的试种观察，大豆病毒病的隐症现象时常出现，检验时要注意适当的诱发条件。

2. 采用无毒种子

我国发生的主要大豆病毒病，种子带毒是一个重要的初侵染源。获得无毒种子最可靠的方法是建立无病种子繁殖基地，采取各种措施，如播种无毒种子，选用适于当地种植的抗病品种、适当早播、隔离种植、早期治虫、及时淘汰病株、清除田间地头的杂草、适当与昆虫介体的其他寄主作物隔离等，以获得无毒种子，也可以从无病区或轻病区的无病田里留种，从种子中挑除褐斑粒的办法是不可靠的，因有时病毒可使种子无症带毒。

3. 选育抗病品种

各地区现有栽培品种对各种病毒病的抗性，多数尚未进行严格的测定。据各地在病害流行季节的调查和观察，大多数主栽品种都是感病的或高度感病的。因此必须在病区迅速开展抗耐病品种的选育工作，并加强选育及品种繁殖推广中的病害治理。

4. 加强治虫

控制早期出现的蚜虫或延迟蚜虫的发生高峰，可以减少病毒病的为害。防治中可在苗期喷 2.5%敌杀死乳油 5 000 倍液。大豆与高秆作物间作、适当调整播种期、邻近作物种类的选择等，都能起到减少传毒介体的作用。

5. 改善栽培措施

适期早播，不仅可以使大豆感病的幼苗期避开蚜虫发生的高峰，有时还能减少带毒种子的病苗形成概率。清除田间杂草，不在菜地、绿肥、牧草和荒地附近设种子田，都有助于减轻发病。

三、大豆菌核病

大豆菌核病又称白腐病。全国各地均可发生。流行年份减产 20%～30%。为害地上部，苗期、成株均可发病，花期受害重，产生苗枯、叶腐、茎腐、荚腐等症。7 月下旬开始发病，最初茎秆上生有褐色病斑，以后病斑上长有白色棉絮状菌丝体及白色颗粒，后变黑色颗粒（菌核）。纵剖病株茎秆，可见黑色圆柱形老鼠屎一样的菌核，病株常枯死呈白色，故又叫死秧子病、白绢病。此病以混杂在种子里的菌核、茎秆内的菌核越冬，翌年发病侵染。菌核在土壤中可以存活 2 年。向日葵茬种大豆、重迎茬大豆、低洼地大豆、密度大长势繁茂的大豆发病重，7 月底至 8 月降雨多的年份，发病重。

（一）症状

苗期染病茎基部褐变，呈水渍状，湿度大时长出棉絮状白色菌丝，以后病部干缩呈黄褐色枯死，表皮撕裂状。叶片染病始于植株下部，初期叶面生暗绿色水浸状斑，后扩展为圆形至不规则形，病斑中心灰褐色，四周暗褐色，外有黄色晕圈；湿度大时亦生白色菌丝，叶片腐烂脱落。茎秆染病多从主茎中下部分杈处开始，病部水浸状，后褪为浅褐色至近白色，病斑形状不规则，常环绕茎部向上下扩展，致病部以上枯死或倒折。湿度大时在菌丝处形成黑色菌核。病茎髓部变空，菌核充塞其中。干燥条件下茎皮纵向撕裂，维管束外露似乱麻，严重的全株枯死，颗粒不收。豆荚染病呈现水浸状不规则病斑，荚内外均可形成较茎内菌核稍小的菌核，多不能结实。

（二）防治

精选种子汰除菌核，秋翻整地，轮作换茬，拔除病株烧掉。药剂防治可用50%速克灵可湿性粉剂1 000倍液、40%菌核净（纹枯利）可湿性粉剂1 000倍液、50%甲基硫菌灵可湿性粉剂或50%多菌灵可湿性粉500倍液喷雾，每亩用药液40kg左右。

四、大豆霜霉病

大豆霜霉病在我国各地都有发生，霜霉病为害幼苗、成株叶片和种子，病叶早落，一般减产8%~15.2%；病株种子品质变劣，发芽率降低；病粒百粒重平均降低4%~16.3%，严重的可达30%，病粒发芽率下降10%以上，含油量减少0.6%~1.7%。

（一）症状

带病种子可引起幼苗系统感病，从第一对真叶的基部开始，沿脉形成褪绿大斑，以后各复叶也出现同样的症状。褪绿部分逐步扩大至全叶，最后使叶变黄以至褐色而枯死。天气潮湿时，病斑背面密生灰白色霉层，为病菌的孢囊梗及孢子囊，病株常矮化，叶皱缩，往往在封垄后死亡。成株叶片还可以被再侵染，在叶片正面产生淡黄绿色小点，可稍扩大，边缘不清晰，气候潮湿时病斑背面也产生灰白色霉层，后期病斑变成黄色，至褐色后干枯。荚被害外部无症状，但内部及籽粒上黏附一层厚的黄白色粉末，为病菌的菌丝体和卵孢子。被害籽粒色白而无光泽，轻而小。

（二）防治

（1）选用抗病品种，精选种子，做好种子处理，剔出病粒。

（2）进行水旱轮作或与其他旱地作物轮作。

（3）化学防治，可用 0.35%甲霜灵拌种，用种子量的 0.1%～0.3%的瑞毒霉拌种，防效也很好，也可在发病初期用 75%的百菌清可湿性粉剂 700～800 倍液或 65%代森锌可湿性粉剂 500～1 000 倍液防治。

五、大豆灰斑病

（一）症状

幼苗及成株均可染病。幼苗期发病，子叶出现圆形或半圆形稍凹陷的红褐色病斑，病情严重时，可导致死苗。成株期叶片、茎秆、豆荚、籽粒均可发病。病斑初期为红褐色小点，后叶片上的病斑逐渐扩展成圆形，边缘红褐色。中央灰白色，天气潮湿时背生灰色霉层，后期病斑相互合并成不规则状，干燥时可导致中央开裂；茎秆上病斑呈菱形，中央灰褐色，边缘不明显，后期相互合并甚至包围整个茎秆，豆荚上病斑为圆形，中央褐色，边缘深褐色，后期也可合并成不规则状；籽粒上病斑红褐色稍凹陷，呈圆形。

（二）防治

一要选用无病种子。品种抗性方面，目前种的品质较好且在国外较有市场的菜用大豆品种有绿光 74、绿光 75，但在闽西山区种植抗生表现较差，而 292、2808 等虽然较为抗病，但对于采收、加工方面要求较严，品质较差。二要做好种子消毒处理。种植菜用大豆，必须严格选用优质无病的种子，播种前要做好种子消毒工作，可用 50%多菌灵或福美双可湿性粉剂按种子量的 0.3%～0.4%进行拌种。同时，每 5kg 种子可用 20g 微生态制剂一起拌种，可提高其抗病性。三是合理轮作。连续几年早季种植菜用大豆、晚季种植甘薯等旱作的田块灰斑病的发生比水旱轮作的田块重。低洼积水的田块灰斑病发生比通透性良好的山地病情重。春种比秋种的病情重。四要适度密植，提高群体抗病性。

六、大豆疫霉根腐病

(一) 症状

大豆各生育期均可发病。出苗前染病引起种子腐烂或死苗。出苗后染病引致根腐或茎腐，造成幼苗萎蔫或死亡。成株染病茎基部变褐腐烂，病部环绕茎蔓延至第10节，下部叶片叶脉间黄化，上部叶片褪绿，造成植株萎蔫，凋萎叶片悬挂在植株上。病根变成褐色，侧根、支根腐烂。

(二) 防治

（1）选用对当地小种具抵抗力的抗病品种。

（2）加强田间管理，及时深耕及中耕培土。雨后及时排出积水，防止湿气滞留。

（3）药剂防治。播种时沟施甲霜灵颗粒剂，使大豆根吸收，可防止根部侵染；播种前用种子重量0.3%的35%甲霜灵粉剂拌种也有明显效果。必要时喷洒或浇灌25%甲霜灵可湿性粉剂800倍液或58%甲霜灵·锰锌可湿性粉剂600倍液。

七、大豆镰刀菌根腐病

(一) 症状

镰刀菌根腐病是大豆常见的根腐病之一，主要发生在苗期。病株根及茎基部产生椭圆形褐色长条形至不规则形凹陷斑，后扩展成环绕主根的大斑块，有的为害侧根。该菌主要为害皮层，造成病菌出土很慢，子叶褪绿，侧根、须根少、后期根部变黑，表皮腐烂，病株发黄变矮，下部叶提前脱落，病株一般不枯死，但结荚少，粒小。

（二）防治

（1）选用抗病品种。

（2）适时早播，掌握播种深度，实行深松耕法。

（3）合理轮作。

（4）选用无病种子等。

（5）药剂防治。用种子重量0.3%的50%拌种双拌种，有一定防效；种衣剂拌种也具有一定防治效果。必要时喷洒或浇灌25%甲霜灵可湿性粉剂800倍液或58%甲霜灵·锰锌可湿性粉剂600倍液。

八、大豆细菌性病害

（一）症状

病害可发生于叶片、叶柄、茎及种荚上，以叶片发病为主。细菌性斑点病在叶片上初形成褐色、不规则形、水渍状的小斑，后扩大成多角形或不规则形斑点，直径为3～9mm，褐色至黑褐色，中间很快干枯呈黑色，边缘有黄色晕环。病叶由于受细菌分泌毒素的影响，叶绿素含量显著减少而变黄。如夏季遇多雨气温降低，病斑即迅速扩大成为不规则的大斑，病部干枯后易脱落，使叶片呈破碎状，在大风过后此症状更为常见。病株底叶往往早落。子叶发病在边缘形成暗褐色斑，病苗生长受阻或枯死。荚上症状为小型水渍状斑，后扩展至荚的大部分，变成暗褐色，种子受病后表面包被一层细菌黏胶，病粒萎缩，稍褪色，或色泽不变。茎及叶柄发病后产生大型的黑色斑。细菌性斑疹病在叶片上初生淡褐色小点，后扩大成多角形的褐色小斑点，直径为1～2mm，寄主叶肉细胞由于受细菌分泌物的刺激，分裂加速，体积增大而隆起，细菌木栓化呈疹状，许多病斑密集可使叶片枯死早落。

（二）防治

1. 采用无病种子

这两种细菌性病害都可以通过种子带菌传病，因此在病区要建立无病留种田或从无病田选留种子。病区则要注意搞好检疫，不从病区引种。

2. 种子消毒处理

病田采收的种子则需进行消毒处理；种子消毒可用 50～100 单位的链霉素液浸种 30～60min，或用种子重量 0.3%的 50%福美双可湿性粉剂拌种。

3. 合理轮作

病田与小麦、玉米、高粱等禾本科作物实行 2 年轮作，可大量减少土壤中的菌源，减少为害。

4. 种植抗病品种与药剂防治相结合

发病地区，应选用抗细菌性斑点病的大豆品种，并进行药剂防治，可明显减轻为害。防治细菌性病害的药剂种类较少，重病田可试用 100 单位的井冈霉素喷雾。

九、大豆锈病

（一）症状

发病初期在病叶背面上散生黄白色小斑点，稍后隆起成黄褐色小疮斑，再扩大为红褐色疮斑，疮斑破裂后散出红褐色粉末（病菌的夏孢子）。在生有疮斑的叶片正面产生褪绿斑。茎和叶脉染病后产生的疮斑为近圆形或条形，后期变为黑色或黑褐色，疮斑破裂后散出黑褐色粉末（病菌的冬孢子）。豆荚上病斑与叶片上相似，但形状较大。

（二）防治

选用抗病品种。露地栽培雨后注意排水，保持地栽培适当

节制灌水，灌水后及时通风排湿。田间发现病株及早拔除，清理田间遗留的病株、病叶和病荚等，集中深埋和烧毁。发病初期可用30%粉锈宁可湿性粉剂1 000~1 500倍液或50%萎锈灵乳油800~1 000倍液或20%代森锰锌600倍液，每7~10d喷1次，连喷2~3次。

十、大豆紫斑病

（一）症状

大豆叶、茎、荚和种子均可受害。病种的种皮上尤其是脐部产生紫色病斑，严重时全部种皮变为紫色，无光泽，粗糙并具裂缝，严重降低大豆商品品质。感病植株叶片上也产生紫色斑点，荚上病斑近圆形或不规则，干燥后变黑色，并产生紫蓝色霉状物。

（二）防治

主要是选用抗病品种，选留无病种子，消除病残株，播种时可用0.3%菲醌拌种，开花后可喷施50%苯来特或50%代森锌800倍液防治。

十一、大豆炭疽病

（一）症状

从苗期至成熟期均可发病。主要为害茎及荚，也为害叶片或叶柄。茎部染病，初生褐色病斑，其上密布呈不规则排列的黑色小点。荚染病，小黑点呈轮纹状排列，病荚不能正常发育。苗期子叶染病，出现黑褐色病斑，边缘略浅，病斑扩展后常出现开裂或凹陷，病斑可从子叶扩展到幼茎上，致病部以上枯死。叶片染病，边缘深褐色，内部浅褐色。叶柄染病，病斑褐色，不规则。

（二）防治

（1）选用抗病品种和无病种子。

（2）收获后及时清除病残体、深翻，实行 3 年以上轮作。

（3）药剂防治。播种前用种子重量 0.5%的 50%多菌灵可湿性粉剂或 50%扑海因可湿性粉剂拌种，拌后闷几小时。也可在开花后喷 25%炭特灵可湿性粉剂 500 倍液或 47%加瑞农可湿性粉剂 600 倍液。

十二、大豆荚枯病

（一）症状

主要为害豆荚，也能为害叶和茎。茎染病，初病斑暗褐色，后变苍白色，凹陷，上轮生小黑点，幼荚常脱落，老荚染病萎垂下落，病荚大部分不结实，发病轻的虽能结荚，但粒小、易干缩，味苦。茎、叶柄染病，产生灰褐色不规则形病斑，上生无数小黑粒点，致柄部以上干枯。

（二）防治

（1）建立无病留种田，选用无病种子。发病重的地区实行 3 年以上轮作。

（2）种子处理。用种子重量 0.3%的 50%福美双或拌种双粉剂拌种。

十三、大豆白粉病

（一）症状

病害多从叶片开始发生，叶面病斑初为淡黄色小斑点，扩大后成不规则的圆形粉斑。发病严重时，叶片正面和背面均覆盖一层白色粉状物，故称白粉病。受害较重的叶片迅速枯黄脱落。嫩茎、叶柄和豆荚染病后病部亦出现白色粉斑，茎部枯黄，豆荚畸形干缩，种子干秕，产量降低。发病后期，病斑上

散生黑色小粒点（闭囊壳）。

（二）防治

避免重茬和在低湿地上种植，合理密植，保持植株间通风良好，降低空气湿度，增施钾肥，提高植株抗病能力。发病初期可用70%甲基硫菌灵1 000倍液或50%多菌灵可湿性粉剂1 000倍液或25%粉锈宁可湿性粉剂2 000倍液或58%甲霜灵锰锌可湿性粉剂500倍液，每隔10d左右喷施1次，连喷2~3次。

十四、拟茎点种腐（茎枯）病

拟茎点种腐病也称为茎枯病。

（一）症状

主要为害茎部，初发生于茎下部，后渐蔓延到茎上部。发病初期，茎部产生长椭圆形病斑，灰褐色，后逐渐扩大成黑色长条斑。落叶后收获前植株茎上症状为明显，形成一块块长椭圆形病斑。

（二）防治

（1）农业防治。收获后及时病株残体，秋翻土地将病株残体深埋土里，减少翌年初始菌源。

（2）化学防治。发病初期喷洒50%多菌灵500倍液或70%百菌清500倍液。

第二节　大豆常见虫害

一、大豆蚜虫

（一）形态特征

大豆蚜虫又叫腻虫，属同翅目，蚜科。成虫有翅孤雌蚜。

卵圆形，黄色或黄褐色，体侧有明显的乳突。触角淡黑色与身体同长。腹管黑色，基部宽约为末端的2倍。无翅孤雌蚜，长椭圆形，黄色或黄绿色。体侧有乳突，触角比身体短，腹管基部略宽。若虫形态与成虫基本相似，腹管短小。

（二）症状

大豆蚜虫多集聚在大豆的幼嫩部为害，受害叶片卷缩，根系发育不良，植株矮小，早期落叶，结荚率低。苗期受害重时整株枯死。此外，还可传播病毒病。

（三）防治

（1）农业防治。及时铲除田边、沟边、塘边杂草，减少虫源。

（2）利用银灰色膜避蚜和黄板诱杀。

（3）生物防治。利用瓢虫、草蛉、食蚜蝇、小花蝽、烟蚜茧蜂、菜蚜茧蜂、蚜小蜂等控制蚜虫。

（4）药剂防治。当有蚜株率达50%或卷叶株率达5%~10%时，即应防治。可选用10%吡虫啉（大功臣、一遍净等）1 500~2 000倍液或40%克蚜星乳油800倍液或35%卵虫净乳油1 000~1 500倍液或20%好年冬乳油800倍液或50%抗蚜威（辟蚜雾）可湿性粉剂1 500倍液喷雾。

二、豆荚螟

（一）形态特征

豆荚螟又叫豇豆荚螟、豆荚斑螟，属鳞翅目，螟蛾科。成虫体长10~12mm，翅展20~24mm。头部、胸部褐黄色，前翅褐黄，沿翅前缘有一条白色纹，前翅中室内侧有棕红金黄色宽带的横线；后翅灰白色，有色泽较深的边缘。卵椭圆形，长约0. 5mm，卵表面密布不规则网状纹，初产乳白色，后转红黄色。幼虫共5龄，初为黄色，后转绿色，老熟后背面紫红色，

前胸背板近前缘中央有“人”字形黑斑，其两侧各有黑斑1个，后缘中央有小黑斑2个。气门黑色，腹部趾钩为双序环。蛹长9~10mm，黄褐色，臀棘6根。

（二）症状

以幼虫蛀食寄主花器，造成落花。蛀食豆荚早期造成落荚，后期造成豆荚和种子腐烂，并且排粪于蛀孔内外。幼虫有转果钻蛀的习性，在叶上孵化的幼虫常常吐丝把几个叶片缀卷在一起，幼虫在其中蚕食叶肉，或蛀食嫩茎，造成枯梢。

（三）防治

（1）选用早熟、毛少、丰产品种。

（2）及时清理落花和落荚，并摘去被害的卷叶和豆荚，减少虫源。

（3）药剂防治。在9时前施药，着重喷在花蕾上。严禁施用剧毒、高残留或长效化学药剂。可用21%增效氰·马乳油500倍液防治，还可用晶体敌百虫800倍液防治2~3次，可起到良好的效果。

三、红蜘蛛

（一）形态特征

红蜘蛛又名棉叶螨，属蜱螨目，叶螨科。雌螨体椭圆形，深红色，体侧具黑斑。须枝端感器柱形，长是宽的2倍，背感器梭形，较端感器短。雄螨体黄色，有黑斑，阳具末端形成端锤。阳茎的远侧突起比近侧突起长6~8倍，是与其他叶螨相区别的重要特征。

（二）症状

大豆红蜘蛛在寄主叶背或卷须上吸食汁液，初叶面上出现白色斑痕，严重的致叶片干枯或呈火烧状，造成严重的减产。

（三）防治

（1）清除田边杂草，及时中耕除草，灌水防旱。

（2）有条件的可人工饲养和释放捕食螨、草蛉等天敌。

（3）药剂防治。在点片发生阶段喷洒1.8%虫螨克乳油3 000倍液或20%螨克乳油2 000倍液或20%哒螨酮可湿性粉剂1 500倍液或20%复方浏阳霉素乳油1 000~1 500倍液。

四、豆秆黑潜蝇

（一）形态特征

豆秆黑潜蝇属双翅目，潜蝇科。成虫为小型蝇，体长2.5mm左右，体色黑亮，腹部有蓝绿色光泽，复眼暗红色。前翅膜质透明，具淡紫色光泽，平衡棍全黑色。卵长椭圆形，乳白色，稍透明。幼虫蛆形，初孵化时乳白色，以后渐变为淡黄色。蛹长筒形，黄棕色。

（二）症状

幼虫钻蛀为害，造成茎秆中空，植株因水分和养分输送受阻而逐渐枯死。苗期受害，形成根茎部肿大，全株铁锈色，比健株显著矮化，重者茎中空、叶脱落，以致死亡。后期受害，造成花、荚、叶过早脱落，千粒重降低而减产。

（三）防治

（1）农业防治。及时处理秸秆和根茬，减少越冬虫源。

（2）每亩用锐劲特有效成分3.4~5g种子处理。

（3）药物防治。以防治成虫为主，兼治幼虫，于成虫盛发期，用50%辛硫磷乳油或50%杀螟硫磷乳油或50%马拉硫磷乳油1 000倍液喷雾，喷后6~7d再喷1次。

五、小地老虎

（一）症状

小地老虎3龄前的幼虫大多在植株的心叶里，也有的藏在土表、土缝中，昼夜取食植株嫩叶。4~6龄幼虫白天潜伏浅土中，夜间出外活动为害，尤其在天刚亮多露水时为害最重，常将幼苗近地面的茎基部咬断，造成缺苗断垄。

（二）防治

利用成虫对黑光灯和糖、醋、酒的趋性，设立黑光灯诱杀成虫。用糖60%、醋30%、白酒10%配成糖醋诱杀母液，使用时加水1倍，再加入适量农药，于成虫期在菜地内放置，有较好的诱杀效果。用95%敌百虫晶体150g，加水1.0~1.5L，再拌入铡碎的鲜草9kg或碾碎炒香的棉籽饼15kg，作为毒饵，傍晚撒在幼苗旁边诱杀。在幼虫3龄前，可选用90%敌百虫晶体1 000倍液或2.5%溴氰菊酯3 000倍液或50%辛硫磷乳剂800倍液及时喷药防治。虫龄较大时，可用80%敌敌畏乳剂或50%二嗪农乳剂1 000~1 500倍液灌根。

六、二条叶甲

又叫二条黄叶甲、二黑条叶甲，俗称地蹦子。我国各大豆产区均有发生，主要为害大豆苗期。

（一）症状

成虫为害大豆子叶背面并吃成浅坑，为害真叶，吃成许多圆形小孔洞，影响大豆幼苗生长。成株期除为害叶片外，还为害花的雌蕊，造成花过早脱落，减少结荚，咬食青荚皮和嫩茎成黑褐洼坑。幼虫在土中为害根瘤，食后仅剩空壳。

（二）防治

在大豆苗期如发现子叶被啃食为害，真叶有小圆孔，应及时检查虫情，并及时防治。

（1）喷粉。2.5%敌百虫粉每公顷 23~30kg 均匀喷撒。

（2）喷雾。25%功夫乳油或20%灭扫利乳油每公顷用量375~450mL 或35%伏杀磷乳油每公顷 1 500~2 250mL，加水稀释喷雾。也可用50%杀螟松乳剂或98%晶体敌百虫 1 000 倍液喷雾。

（3）大豆种衣剂包衣。按大豆种子重量的 1.0%~1.5%拌种包衣，也可有效防治二条叶甲及其他苗期害虫。

七、大豆食心虫

（一）形态特征

大豆食心虫，又名小红虫，鳞翅目，卷蛾科。成虫体长 5~6mm，黄褐色至暗褐色，前翅暗褐色。沿前缘有 10 条左右黑紫色短斜纹，其周围有明显的黄色区。卵椭圆形稍扁平，略有光泽，初产乳白色，孵化前橙黄色，表面可见一半圆形红带。老熟幼虫体长 8.1~10.2mm。幼虫圆筒形，初孵幼虫黄白色，渐变橙黄色，老熟时变为红色，头及前胸背板黄褐色。3 龄幼虫体背均有点刻。蛹黄褐色，纺锤形。蛹藏在由幼虫吐丝制成的筒形土茧内，茧一端较粗。

（二）症状

大豆食心虫以幼虫钻蛀豆荚食害豆粒，将豆粒咬成沟道或残破状，严重影响大豆产量和品质。

（三）防治

（1）农业防治。选用豆荚毛少、早熟的大豆品种；及时秋翻、秋耙，杀伤越冬虫源。

（2）黑光灯诱杀成虫。

（3）成虫盛期每亩释放 2 万~3 万头螟黄赤眼蜂。

（4）化学防治。在大豆食心虫成虫盛发期每亩用 80%敌敌畏乳油 100~150mL，取高粱秆或玉米秆切成 20cm 长，一端

去皮插在药液中，吸足药液制成药棒，将药棒未浸药的一端插在大豆田内，每5垄插一行，棒距4~5m，亩插40~50棒，因敌敌畏对高粱有药害，距高粱20m以内的豆田不能施用；在幼虫孵化盛期可用10%氯氰菊酯乳油1 500~2 000倍液或50%辛硫磷乳剂1 000倍液或20%杀灭菊酯2 000倍液或4.5%高效氯氰菊酯1 500倍液或1.8%虫螨克乳油2 000~3 000倍液进行喷雾防治。

八、草地螟

草地螟又叫黄绿条螟。

（一）症状

草地螟是一种杂食害虫，以幼虫为害豆叶，低龄时把叶肉吃掉，仅留表皮和叶脉，被害后叶子一片白色。幼虫大龄时把叶子吃缺刻，严重时把叶子吃光，对产量影响很大。

（二）防治

（1）挖沟阻杀。草地螟大发生年，幼虫未进入豆田前，挖防虫沟阻杀。沟里可施药剂，也可在农田四周撒施药带。

（2）药剂防治。豆田幼虫为害严重时，每公顷用50%敌百虫粉剂或5%西维因粉23~38kg喷粉。用2.5%敌杀死乳油每公顷300~600mL或20%速灭丁乳油每公顷300~450mL或80%敌敌畏乳油每公顷750~1 000mL稀释5~10倍，用超低量喷雾器喷洒。

九、大豆斜纹夜蛾

（一）形态特征

大豆斜纹夜蛾，又名莲纹夜蛾，俗称夜盗虫、乌头虫等，鳞翅目，夜蛾科。各地都有发生。幼虫取食大豆等近300种植物的叶片，间歇性猖獗为害。成虫体长14~21mm；翅展37~

42mm，褐色，前翅具许多斑纹，中有一条灰白色宽阔的斜纹，故名。后翅白色，外缘暗褐色。老熟幼虫体长 38~51mm。夏秋虫口密度大时体瘦，黑褐或暗褐色；冬春数量少时体肥，淡黄绿或淡灰绿色。蛹长 18~20mm，长卵形，红褐色至黑褐色。腹末具发达的臀棘 1 对。

（二）防治

主要用糖醋或发酵物加毒药诱杀成虫；在幼虫进入暴食期前的点片发生阶段喷施敌百虫、马拉硫磷、杀螟松、辛硫磷、乙酰甲胺磷等农药；也可应用多角体病毒消灭幼虫等。

十、大豆甜菜夜蛾

成虫体长 10~14mm，翅展 25~34mm。体灰褐色。前翅中央近前缘外方有肾形斑 1 个，内方有圆形斑 1 个。后翅银白色。卵圆馒头形，白色，表面有放射状的隆起线。幼虫体长约 22mm。体色变化很大，有绿色、暗绿色至黑褐色。腹部体侧气门下线为明显的黄白色纵带，有的带粉红色，带的末端直达腹部末端，不弯到臀足上去。蛹体长 10mm 左右，黄褐色。

（一）症状

以幼虫为害，严重时叶片大部或全部被吃尽，仅余叶脉和叶柄。

（二）生活习性

在黄淮海夏大豆区一般一年发生 5 代。成虫昼伏夜出，趋光性强而趋化性弱。卵成块状，产于叶片的背面，外覆白色绒毛。幼虫 4 龄以后食量大增，昼伏夜出有假死性。老熟幼虫入土吐丝筑室化蛹。

（三）防治

（1）加强田间管理，人工抹卵、清除杂草，及时集中沤肥，以减少虫源。

（2）利用黑光灯等诱杀成虫，同时还可诱杀其他害虫和蝼蛄、棉铃虫、地老虎、斜纹夜蛾等。

（3）药剂防治。在卵始盛期，可采用米满、除尽、虫螨克、Bt、WPV 等加上 2.5%辉丰菊酯或 4.5%高效氰氯菊酯，或苦参碱加上辛硫磷等高效药剂配方进行叶面喷雾。重发生田块可以采用叶面喷雾加上地面撒施毒饵的办法。施药时药液中加入消抗液、中性洗衣粉、柴油等能明显提高防效。用药最好在早晨或傍晚施药，要注意不同毒理机制农药的交替轮换使用，避免多次连用菊酯或有机磷农药。

十一、大豆卷叶螟

（一）形态特征

大豆卷叶螟，别名豇豆螟、豆卷叶螟、大豆螟蛾。属鳞翅目，螟蛾科。成虫体长约 13mm，翅展 24~26mm，暗黄褐色。前翅中央有 2 个白色透明斑；后翅白色半透明，内侧有暗棕色波状纹。卵 0.6mm×0.4mm，扁平，椭圆形，淡绿色，表面具有六角形网状纹。末龄幼虫体长 18mm，体黄绿色，头部及前胸背板褐色；中、后胸背板上有黑褐色毛片 6 个，前列 4 个，各具 2 根刚毛，后列 2 个无刚毛；腹部各节背面具同样毛片 6 个，但各自只生 1 根刚毛。蛹长 13mm，黄褐色。头顶突出，复眼红褐色。羽化前在褐色翅芽上能见到成虫前翅的透明斑。

（二）症状

幼虫为害豆叶花及豆荚，常卷叶为害，后期蛀入荚内取食幼嫩的种粒，荚内及蛀孔外堆积粪粒。受害豆荚味苦，不堪食用。

（三）防治

（1）及时清理落花和落荚，并摘去被害的卷叶和豆荚，减少虫源。

(2) 在豆田设黑光灯，诱杀成虫。

(3) 药剂防治采用20%三唑磷700倍液或40%灭虫清加水；从现蕾开始，每隔10d喷蕾1次，可控制为害，如需兼治其他害虫，则应全面喷药。

十二、大豆造桥虫

(一) 形态特征

大豆造桥虫俗称豆青虫、步曲豆、大豆夜蛾、豆尺蠖等。主要有银纹夜蛾、大豆小夜蛾和云纹夜蛾3种。幼虫爬行时虫体似拱桥状伸屈前进，故称造桥虫。

(二) 症状

大豆造桥虫以幼虫为害豆叶，食害嫩尖、花器和幼荚，可吃光叶片造成落花、落荚，籽粒不饱满，严重影响产量。

(三) 防治

可用25%快杀灵乳油1 500倍液或4.5%高效氯氰菊酯1 500倍液或40.7%乐斯本乳油1 000倍液或20%杀灭菊酯乳油2 000倍液或2.5%溴氰菊酯乳油2 000倍液，每亩用药液40kg喷雾；也可用苏云金杆菌制剂（含活孢子100亿个/g）稀释800倍喷雾，或用青虫菌或杀螟杆菌（每克含100亿个孢子）1 000~1 500倍液喷雾，每亩用菌液40~50kg。

十三、豆芫菁

(一) 形态特征

豆芫菁又叫白条芫菁，属鞘翅目，芫菁科。成虫体长15~19mm，头部红色似三角形，胸腹及鞘翅黑色，雌虫触角丝状，雄虫触角3~7节扁平，向外侧强烈扩展，呈锯齿状。前胸背板和鞘翅各有一黄白色纵条。卵圆筒形，上粗下细，孵化前黄白色，表面光滑。幼虫共6龄。1龄幼虫似双尾虫，深褐色，

2~4 龄及 6 龄乳黄色，似蛴螬，5 龄幼虫似象甲幼虫（伪蛹），呈休眠态乳黄色。蛹长 15mm，黄白色，前胸、背板侧缘及后缘各生有长刺 9 根。

（二）症状

以成虫为害寄主叶片，尤喜食幼嫩部位。将叶片咬成孔洞或缺刻，甚至吃光，只剩网状叶脉。也为害嫩茎及花瓣，有的还吃豆粒，使不能结实，对产量影响较大。幼虫以蝗卵为食，是蝗虫的天敌。

（三）防治

（1）农业防治。发生较重的豆田要进行秋季深翻以杀伤越冬虫。

（2）化学防治。用 2%杀螟松粉剂，每亩施 2~2.5kg。喷雾用 20%杀灭菊酯乳油或 2.5%溴氰菊酯 2 000~2 500 倍液，每亩用药液 75kg。

十四、大豆孢囊线虫病

（一）症状

在大豆整个生育期均可为害。主要为害根部，被害植株生育不良，矮小，茎和叶变淡黄色，荚和种子萎缩瘪小，基至不结荚。田间常见成片植株变黄萎缩，拔出病株见根系不发达，支根减少，细根增多，根上附有白色的球状物（雌虫–孢囊），也是鉴别孢囊线虫病的重要特征。

（二）防治

（1）选用适合当地的抗病品种。

（2）对于无病田，应严禁线虫的传入。通过种子检验，严防与杜绝机械作业等传播线虫。

（3）可用 3%克线磷 5kg 拌土后穴施。

十五、棉铃虫

（一）症状

大豆棉铃虫会蛀食大豆植株的嫩茎和叶片，使植株受损严重。

（二）防治

每亩可用20%氯虫苯甲酰胺悬浮剂10g或5%甲维盐微乳剂15~20mL或16%甲维·茚虫威悬浮剂15mL，兑水30kg喷雾防治，兼治甜菜夜蛾等夜蛾类害虫。

十六、苜蓿夜蛾

（一）症状

苜蓿夜蛾幼龄幼虫吐丝把大豆顶叶卷起，在其中蚕食。被害叶张开时，叶面附着有细丝和虫粪。幼虫长大后不再卷叶，而是沿叶的主脉暴食叶内，形成大的缺刻与孔洞，对豆荚和叶片为害较大，严重时可造成减产。

（二）防治

选用5%阿维菌素乳油30~40g/亩、8 000IU/μg苏云金杆菌悬浮剂100mL/亩、0.3%印楝素乳油100mL/亩、高效氯氰菊酯、高效氯氟氰菊酯、甲维盐等药剂进行叶面喷施。

十七、烟粉虱

（一）症状

烟粉虱又叫白粉虱，俗称“小白虫”，为害大豆时以成虫、若虫聚集在叶背面，刺吸汁液，导致植株衰弱甚至死亡；可分泌蜜露，诱发煤污病；可同点蜂缘蝽、叶蝉等刺吸式害虫一起传播多种植物病毒，可能是传播大豆矮缩型“症青”病

毒的重要媒介之一。

（二）防治

（1）农业防治。及时清除田边、路边和沟边杂草，降低虫口基数。

（2）物理防治。悬挂黄色粘虫板诱杀成虫。

（3）化学防治。喷洒噻虫·高氯氟、螺虫乙酯、阿维·啶虫脒等药剂。

十八、点蜂缘蝽

（一）症状

点蜂缘蝽直接为害会引起大豆的“症青”，即荚而不实，叶荚绿色、不易脱落的现象，造成大豆减产损失 20%～80%，严重者可造成绝收。

（二）防治

（1）农业防治。作物收获后及时清除田间枯枝落叶和杂草，并带出田外烧毁，消灭部分越冬成虫。

（2）理化诱控。应用性诱捕器诱杀，每亩放置 3～5 个。

（3）化学防治。在成虫、若虫为害期喷雾防治，可在防治大豆其他虫害兼防。可选用高效氯氟氰菊酯等菊酯类农药或吡虫啉等新烟碱农药。

十九、高隆象

（一）症状

成虫以喙蛀食茎秆、豆荚为主，幼荚被蛀不结实，形成瘪粒，结实豆粒被蛀，失去经济价值。

（二）防治

田间成虫盛发期，用 20% 三唑磷乳油 120～150mL/亩、

10%氟虫双酰胺·阿维菌素悬浮剂45mL/亩，兑水45kg喷雾。施药时，喷雾要均匀周到，让成虫能充分接触药液，以提高防效。

二十、稻绿蝽

（一）症状

稻绿蝽为害大豆，以开花结荚期至收获期最盛。4月成虫及若虫为害嫩芽及嫩叶的叶柄甚至嫩荚，为害严重时可以造成顶芽及腋芽萎垂、干枯。为害嫩荚轻的影响充实，重的造成干荚。为害叶柄呈失水下垂状。

（二）防治

（1）削减虫源。冬春期间，结合积肥清除田边邻近杂草，削减越冬虫源。

（2）药剂防治。在若虫盛发高峰期群集在卵壳邻近没有涣散时用药，可选用50%杀螟硫磷乳油1 000~1 500倍液、25%亚胺硫磷700倍液或菊酯类农药3 000~4 000倍液喷雾。

第三节　大豆常见草害

一、杂草特点

大豆田杂草对大豆产量影响明显，可使大豆减产10%。由于气候条件、种植方式、耕作制度和栽培措施的影响，形成大豆田类型繁多的杂草种群。常见的一年生禾本科杂草主要有稗、狗尾草、金狗、马唐、野燕麦、牛筋草等；一年生阔叶杂草有苍耳、藜、龙葵、风花菜、铁苋菜、香薷、水棘针、狼把草、柳叶刺蓼、酸模叶蓼、猪毛菜、苋、菟丝子、鸭跖草、马

齿苋、猪殃殃、繁缕、苘麻等；多年生杂草有问荆、苣荬菜、大蓟、刺儿菜、芦苇等。

二、化学防除

以禾本科杂草为主的地块，在大豆播前可选用氟乐灵、卫农（灭草猛）、地乐胺等；播后苗前可用都尔、乙草胺、拉索等；苗后可用拿捕净、精稳杀得、精禾草克、高效盖草能、禾草灵加威霸等。以阔叶杂草为主的地块，在播前和播后苗期前可用茅毒、赛克津等；苗后可选用苯达松、杂草焚、虎威、克阔乐、阔叶散等。在禾本科杂草和阔叶杂草混生的地块，播前可用氟乐灵、灭草猛分别与茅毒、赛克津混用；播后苗前用都尔、乙草胺、拉索分别与茅毒、广灭灵、普施特、赛克津混用；苗后用苯达松、杂草焚、虎威等分别与精稳杀得、拿捕净、精禾草克、高效盖草能、禾草灵混用。也可播前用氟乐灵、灭草猛、地乐胺或播后苗前用都尔、乙草胺、拉索，苗后配合用苯达松、虎威等。所有药剂施用基本采取喷雾法。喷液量根据施药器械确定，人工背负式喷雾器喷洒用量300~500L/hm^2，拖拉机牵引喷雾机喷洒用量200L/hm^2，飞机喷洒用量30~50L/hm^2。

（一）土壤处理

播种前将药液喷雾土表，施药后进行浅混土。可用48%氟乐灵乳油，大豆播前5~7d施用，每亩60~150mL；72%都尔乳剂每亩100~120mL；48%地乐胺乳油150~375mL，可防除大部分禾本科和阔叶杂草。

（二）播后苗前施药

土壤墒情好可采取土壤封闭处理，春季于旱区提倡苗后除草。在大豆播后出苗前，对土壤进行封闭处理。每公顷用50%乙草胺乳油2 500~3 000mL（或90%禾耐斯1 560~2 200

mL）加 70%赛克津可湿性粉剂 300～600g 或加 48%广灭灵乳油800～1 000mL 或加 75%广灭灵粉剂 15～25g，或用 72%都尔乳油每公顷 1 500～3 000mL，加水 200kg 土壤喷雾。

（三）茎叶处理

在大豆出苗后，杂草 2～4 叶期进行。防除禾本科杂草，每公顷用 5%精禾草克乳油900～1 500mL，或用 15%精稳杀得乳油750～1 000mL，或用 10. 8%高效盖草能乳油 450mL，或用 6. 9%威霸浓乳剂 750～900mL，或用 12. 5%拿捕净乳油1 250～1 500mL，加水 200kg 喷雾，防除阔叶杂草，每公顷用 25%氟磺胺草醚1 000～1 500mL，或用 24%杂草焚水剂 1 000～1 500 mL，加水 200kg。

（四）秋季施药

秋季温度稳定在 10℃以下，土壤湿度适宜（以翻地不结块为准）的情况下施药。先翻耙平地后，边喷药，边用机车牵引圆盘耙耙 1 次，耙深 10～15cm，待全田施完药，再与第一次方向成直角的方向耙地一次，第二次耙深与第一次耙深相同，然后起垄。秋施药可有效地防除翌年春季除草，用量上要比春施药多 10%～20%。每公顷可用 72%都尔乳油2 500～3 500mL 加 48%广灭灵乳油 800～1 000mL 或加 50%速收粉剂 120～180g，或用 90%禾耐斯2 200～2 500 mL 加 50%速收 120～180g。

（五）注意事项

（1）可应用于防除大豆田的除草剂品种较多，关键是根据当地大豆田杂草发生的种类，选择对路的品种，掌握施药适期，把杂草控制在萌芽或3 叶之前。

（2）除草剂的施用技术要求较严，根据当地土壤湿度、土质选用适当用药量，严格控制施药量的同时必须掌握好喷液量，加水释药要混匀，喷雾要均匀。土壤墒情较好时，每亩喷

药液量不能少于 40kg；土壤墒情差时，喷药液量不能少于 60kg。

（3）地面封闭施药后不要在地里乱踩，施药后 45d 内不要中耕，以免破坏药土层。施药时要注意风向，不要让药液飘入敏感作物田间，以免产生药害。

第十一章　大豆机械化生产、机收减损及加工

第一节　大豆耕整地机械

大豆栽培中的土壤耕作，是通过相应的现代农业机械向土壤投入机械能，使土壤发生变形和位移，以形成良好的耕层结构，调节土壤肥力因素的一项农业技术措施。从大豆对土壤的耕作要求分析，大豆是深根系作物，并有根瘤菌共生，要求耕层有机质丰富、活土层深厚、土壤容重较低、保水保肥性能良好的土壤环境。大豆地的耕作，一是要为根系生长和根瘤菌的繁殖创造一个良好的土壤环境；二是为种子发芽提供一个良好的苗床；三是为提高播种、管理和收获质量奠定良好基础。

一、大豆生长发育对农田土体结构的要求

为提高大豆的产量，对土壤耕作技术有不同的措施要求。虽然耕作本身不能直接向土壤添加养分、水分和能量，但通过耕作改变耕层结构等土壤肥力因素，可以间接地提高土壤肥力。在土壤—大豆—气候系统中，土壤、气候和它们之间的相互作用影响着大豆的生育与产量。通过改善土壤的状况，可以发挥气候资源的优势或缓冲不良的气候条件对大豆生长的影响。这就必须采取相应的土壤耕作措施，及时调节土壤肥力条件，协调土壤肥力因子之间的矛盾，充分发挥大豆与土壤两个生态系统的作用。

所谓良好耕层结构，是指耕作深度范围内各土壤层次所组成的结构符合大豆生长发育的要求。其内容包括：土壤矿质与有机质和总孔隙度之间的关系；总孔隙中毛管孔隙与非毛管孔隙的比例关系。合适的比例使土壤三相比处于一个合理状态，能使土壤形成一个自下而上的适宜的水分梯度和空气梯度，使土壤的空气和水分之间达到合理协调的运行关系，进而使土壤各层次的水、肥、气、热这四大土壤因素处于较高的有效肥力状态，有利于大豆的生长发育。

随着农业机械化的发展，现代化大豆栽培不仅要求土壤耕作具有上虚下实的耕层结构，还要求具有虚实并存的耕层结构，这两类不同耕层结构的形式要因地制宜地加以合理应用。

（一）对耕层松紧度的要求

耕层的松紧度是耕层土壤总孔隙度的表现。耕层土壤过于疏松，总孔隙度大，其中大孔隙占优势，这时虽然易耕，通透性强，但持水能力弱，土壤调节水分的能力差。此外，孔隙过多时，好气性微生物活动旺盛，土壤有机质矿化强烈，造成土壤养分非生产性消耗增多，土壤养分因缺水难以供应。因此，轻质土要及时镇压，降低总孔隙度，提高毛管孔隙度。与此相反，耕层土壤黏性较重，土壤容重高，土层紧实，总孔隙度少时，其中非毛管孔隙低于总孔隙度的10%，会造成土壤通气不良，透水性能差，同样也会使土壤水分与空气的比例失调，不利于好气性微生物的分解活动，降低土壤养分的有效性，增大根系生长阻力，影响根系的生长。

（二）土壤孔隙孔径大小与根系生长关系

土壤孔隙可根据孔径分为4级，一是大于0.3mm的孔径孔隙，水分在其中可依水势差而运动，也是许多作物幼根能顺利延伸所需的孔隙；二是0.06~0.3mm的孔径孔隙，一般作物的一级、二级侧根可顺利地伸入；三是0.01～0.06mm的孔径孔隙，根毛能延伸入内；四是0.001～0.01mm的孔径孔隙，水分抽吸力很强，即便是根毛，也不能在其中通过。研究表明，作物侧根直径大都在0.1mm以上，而根毛直径为0.008～0.012mm。

二、耕作措施对土壤识结构形成的影响

（一）干湿交替的利用

根据土壤胶体遇湿膨胀、遇干收缩的原理，利用气候的干湿、冻融交替的土壤水分变化规律，在土壤反复膨胀和收缩的干湿交替情况下，促进团粒结构的形成。因为湿土变成干土时，由于土壤胶体各部分脱水速度和程度不同，收缩力不均匀，达到一定程度便从土粒中胶结力最薄弱的位点首先断裂，形成团粒；反之，当干土变湿时，土壤胶体吸水膨胀，由于土壤各部分胶体吸水速度和程度不同，产生的膨胀力不均，膨胀到一定程度，使干燥时所形成的某些团粒又联成一体。如此反复干湿交替，膨胀和收缩交替，不断形成各种大小不同的团粒，对改善土壤通气、透水和养分状况都有重要的作用。

干湿交替作用的大小，取决于土壤机械组成、有机质含量、土壤阳离子组成等。凡是有机质含量较高。阳离子组成以Ca^{2+}、Mg^{2+}等为主的土壤，干湿交替的作用效果较好。干湿交替虽可形成团粒，但土壤并不散碎，需要进行一定的土壤耕作，在受到机械作用力时才能散碎。在生产上常利用夏季耕作，接纳雨水，经干湿交替作用促进团粒结构的形成，并利用中耕松土，破除土壤板结层，形成新的团粒结构。

（二）冬春冻融交替的利用

冻融交替是利用温度对土壤水势的影响。一般来说，当土

温增高时，水势下降；反之，使水势增高。当地面温度下降到0℃时，表土层孔隙内的水分由液态水转变为固态的冰，扩大了上下层间的水势差，使水分向上层运动。随着冻土加深，在冻土和非冻土界面上一直进行着自下而上的水分运转规律，并依次结成冰晶。这种上升的水分，即称为“返浆水”。在栽培上，常用早播技术来利用早春的“返浆水”，解决早春干旱问题。

由于冰的体积比同量水的体积大，使旧土壤孔隙容积扩大（约增加11%），地面升高，对周围的主体产生压力，土壤结构性能增强。当春季转暖时，固态水融化为液态水，但是被冰晶膨胀扩大的土壤孔隙却不能还原，形成较大的孔隙，于是使土壤变得疏松，并形成团粒结构。在耕翻土地时，翻伐中的水分冻结时也有膨胀力。这种冻结力相当于土壤耕作之力，故称为冻耕。

冻融交替作用的效果大小取决于秋季心土层含水量及冬初的冻结速度、冻结深度和持续时间。心土层含水量多的，冻结速度较缓慢，冻土较深和持续时间较长的，则返浆水越多，冻耕引起的总孔隙越多；反之，冻耕的效果较小。

三、大豆的土壤耕作

土壤是大豆生长的基础，是决定农作物产量高低的主要因素之一。合理耕翻可建立“土壤水库”，达到调节气候、蓄水保墒、熟化土壤、改善营养条件、提高土壤肥力、消灭杂草及减轻病虫害的作用，为大豆生育创造良好的耕层。

（一）大豆的平翻耕法

以应用有壁犁，翻转疏松耕层为主体，使农田形成地面平整，耕层结构全部疏松的一种耕法。平翻技术以五铧犁、圆盘重耙、圆盘轻耙、钉齿耙和各种镇压器等配套组合进行。

用五铧犁耕翻时，犁铲切入土壤，借犁壁翻转抛入犁沟，

使土垡散碎成覆瓦状。耕翻作业一般以 3 年轮翻 1 次较为合理。

1. 耕翻的主要方法及要求

耕翻主要有 4 种方法。

（1）螺旋型犁壁耕翻。用螺旋型犁壁变换耕作层上下位置，翻转 180°，适用于开荒地和黏重潮湿多草的地块。要求翻土完全，覆盖严密，消灭杂草和野生植物作用强。

（2）熟地型犁耕翻。要求垡片翻转 135°，翻后垡片彼此相连，与地面呈 45°角，后一轮上举的部分表层土壤紧附在前一轮翻出的土壁上如覆瓦状。该种方式牵引阻力小，有较好的翻土和碎土作用，但垡片覆土不严密，灭草性能较差，在垡片接缝处常有杂草和根茬外露。

（3）复式犁分层翻垡。将耕层上下层分层翻转。方法是在复式犁主犁铧上前方安装一个小铧，耕深约为主犁铧的一半，耕幅为主犁主体的 2/3。作业时，小犁铧先将上层约 10cm 的表层上翻到犁沟中，翻转 180°，再由主铧把 10~25cm 的土层翻转 135°，覆盖在前铧耕翻的土垡上面，起到分层翻垡的作用，该法的底土细碎无架空层，地面覆盖严密，翻地质量较高。

（4）心上混层犁。这是针对白浆土耕层浅、下有白浆层的特点而进行的一种耕翻技术。主要是有上下两层铧，下层铧翻转的土层不覆盖上层翻转的土层，只是在上层铧翻转土层下面，不让白浆层的土进入耕层上层，只是在耕层下层进行搅拌，达到白浆土改良的目的，对白浆土改良效果明显。

2. 耕翻深度与时间

我国平翻耕法多用于一年一熟的春大豆区，而一年多熟的夏、秋大豆区，由于时间紧迫则很少采用。春大豆区翻地时间因前作不同而异，有时因气候条件而定。麦茬采用伏翻，玉

米、谷子、高粱等茬采用秋翻。在秋翻时间短、秋雨多的年份，秋翻常不能完成而延迟至翌年春翻。翻地的质量以伏翻最好，其次是秋翻，再次为春翻。春翻地一般应在土壤返浆前进行，注意翻耙结合，防止跑墒，做到随耙耢，随镇压。

翻地的深度应根据不同耕层深度和土壤质地确定耕翻深度，一般在20~22cm。耕层薄的土壤可降低至18~20cm，耕层深、有机质较高的土壤可深翻达22~24cm。同一地块不同年份，不宜采用同一深度，避免形成犁底层。此外，耕翻深度还应该考虑下层土壤中是否存在有害物质（如盐分或白浆层等），应防止将有害物质翻到表土层上来。

3. 平翻耕法的优缺点

（1）平翻耕法的缺点。第一，加剧了风蚀。平翻耕法每年每亩因风蚀和水浸，损失10t以上肥沃表土。第二，压实了土壤。平翻耕法由于作业次数多，机车进地次数多（一年中机车要进地10次以上），结果就必然出现耕地被“翻松了，压硬了”的现象。第三，翻转土层破坏了土壤结构。第四，加重了干旱。平翻耕法往往造成“翻多深，干多深”的现象。第五，生产成本高。因为平翻耕法需要的农具型号多，作业次数多，油料消耗大，而耕作效率却低。

（2）平翻耕法的优点。第一，铧式犁平翻效率高，是翻地的有效手段；第二，在消灭多年生杂草上有一定效果；第三，在翻压绿肥和秸秆还田上还是暂时不能代替的措施；第四，整地质量较易达到要求。

（二）大豆深松耕法

大豆的整地方法，不外乎以耕翻土层为特征的平翻法和以不翻转土层的深松法这两大类。在一定条件下深松法比平翻法优越。

（三）耕作制度与其他制度

为适应当地的条件，应建立一个以机械化为手段的，以深松、合理轮作、轮耕、轮施肥为主要内容的，以正确处理用地和养地关系为核心的机械耕作制度。

在上述耕作制度中，大豆的耕作方法受着轮作制和施肥制的制约。

（1）大豆前茬为玉米时，应采取原茬耢茬、机械双条卡种大豆，配合苗期垄沟深松的耕作方法，而对要求秸秆还田的地块，以及实行窄行密植时，仍应采取平翻耕法。

（2）大豆前茬为麦茬时，应采取麦茬搅垄、垄底或垄沟深松、垄上精量点播的耕作方法。但对麦草间作需要翻压绿肥的地块，以及为机械化收获创造良好条件时，则仍需采取平翻耕法。

由此看来，大豆的耕作方法，不外乎是以下3种方法：原垄耢茬、垄上卡种、苗期垄沟深松法；麦茬搅垄、垄底或垄沟深松法；需要为机械化收割创造良好条件或窄行密植、秸秆还田及翻压绿肥地块的平翻耕法。

（四）大豆的表土耕作

深翻后只有配合表土耕作，才能创造出良好耕层结构。表土耕作主要的作用范围一般在0~10cm的表土层，是同深耕不可分割的重要组成部分，是提高播种质量、保证苗齐苗全、促进幼苗生长发育的重要手段。在常年干旱、多风地区，精耕和整地显得尤其重要。

大豆的表土耕作方式有以下几种。

1. 耙地

耙地的主要作用是为粉碎大土块与平整地面。耙地是在土壤耕翻之后，土壤中产生了大量的非毛管孔隙，通过耙地可减少耕层内的水分蒸发。耙地可撞碎土块，减少耕层中的孔隙，

使土表平整，有较细的土壤覆盖层，起到蓄水保墒、减少土壤水分蒸发的作用。一般耙地常用的工具有圆盘耙、旋转锄、钉齿耙等。

耙地后，质地黏重的农田，在春季干旱条件下遇到降雨时，表土易出现板结层，板结的表土毛管作用强烈，水分蒸发快，透水力减弱，表土过于紧实，影响播种开沟与覆土。大豆出苗前后遇降雨常形成板结层，也需要苗前苗后耙地、松土、除草。旋转锄与钉齿耙都是出苗前后松土除草的主要工具。其伤苗率低于1%~2%，播种前后使用除草剂混拌土壤的作业，可以与以上破除板结作业结合进行。

翻较黏重的地块，翻后耙地可使用缺口重耙进行，耙深为10~16cm，熟地采用圆盘耙，耙深可达8~12cm。出苗前后的松土除草使用旋转锄与钉齿耙，耙地深度为3~5cm。

2. 耢地

主要作用是针对干旱、半干旱地区和春旱地区，在耙地的基础上平整地面，耢碎土块，轻度镇压并形成薄层干土覆盖层，减少土壤水分蒸发，提高整地质量，在盐碱地使用，也可防止返盐碱。播种镇压后采用木制或柳条编制的耢轻耢，可提高种子覆土质量，减少土壤水分蒸发，防止板结、龟裂。

3. 镇压

主要在播种期间遇干旱的地区使用。主要功能为减少表土过多的大孔隙和土表层的孔隙直径，以便提墒，增加土壤有效含水量。镇压还可压碎大土块，或将其压入耕层中吸水，使土块疏松。大豆种子播后镇压可使种子与土壤紧密接触，促进种子吸水发芽，是干旱土壤保证苗全、苗齐的关键措施。镇压工作要求土壤水分适宜时进行。湿度大时镇压，会引起土壤板结，严重破坏土壤结构。

(五) 深松耕法的整地方法

因前茬的不同，深松耕法的整地方法有以下几种。

1. 玉米茬的整地方法

准备原垄卡种的玉米茬，要在玉米收获后，搞好田间清理；然后在结冻后、下雪前，用钢制耢子耢垄除茬，春播前再耢一次，耢后随即播种。另外，对紧实的土壤，还可在玉米收获后、结冻前，进行垄体深松，深松深度在15cm上下，深松同时进行垄上除茬，然后垄体整形扶垄，搞好镇压，为卡种标准化打下基础。

2. 小麦茬的整地方法

准备垄上播豆的麦茬，收麦时要低割，在搅前灭茬斜耙两遍，然后破茬搅垄。要根据土壤墒情确定深松方法，墒情好的地，应采取垄底深松方法；墒情差的地方，应采取垄沟深松方法。垄底深松以15~20cm为宜，垄沟深松为25~30cm为好。等杂草出土后，要及时扶垄灭草，扶垄同时待木滚子压垄一次，封冻前再压一次。

(六) 平翻耕法的整地方法

1. 秸秆处理

准备秸秆还田的地块，要把秸秆粉碎，均匀抛撒。

玉米秸秆的处理有3种方法：一是用玉米收割机进行摘穗，同时将秸秆粉碎抛撒田间；二是人工摘穗后，用秸秆粉碎机将秸秆粉碎，抛撒田间；三是人工摘穗后，一次耙不碎，可耙两次。

小麦秸秆的处理有两种方法：一是在联合收获机的第一清洁室后上方键筛尾部，安装秸秆粉碎滚筒，将秸秆粉碎后撒在田间；二是在联合收获机的后上部改装抛撒装置，将落在上面的麦秸打散，均匀地抛撒田间。

2. 翻前灭茬

此项措施对提高翻地质量有很大好处。具体做法就是在翻地前用缺口重耙或重型圆盘耙，进行耙地灭茬。

3. 适时翻地

麦茬伏翻应在麦收后及早进行，只有早翻才能蓄水、保墒、抗旱。玉米茬秋翻也应及早进行，早翻有利于提高翻地质量。

4. 适当深耕

麦茬伏翻耕深一般应达25cm左右，如果是平翻加深松，应当上翻20cm，下松10cm；大田秋翻，一般耕深应达20~22cm。

5. 提高质量

翻地质量要求扣垡严密，耕深一致，耕得直，地头整齐，耕幅一致，不得漏耕与重耕，并应尽量减少开闭垄。

6. 选择耕法

平翻按照地头转弯方法的不同，可分为有环节耕法与无环节耕法，也可两者兼用。选择哪种耕法，应根据地块大小等具体情况确定。

有环节开闭垄交替耕法：采用这种方法时，耕翻第一趟用的标杆插在第一区中间偏左1/2耕幅处，顺这趟标杆下犁进行内翻。第一区翻完后，转入第三区，仍进行内翻；第三区翻完后，再转入第二区，由右侧插犁，向左侧绕回，进行外翻。以后用耕翻第一、三区（奇数）的方法耕第五区，用翻耕第二区（偶数）的方法耕第四区，余则依此类推。最后用外翻法耕地两头。此法可减少开闭垄数目，但地头转弯不方便。

两小区无环节耕法：采用这种方法，先以开垄法耕第一个

区，当小区所剩宽度不够做无环节回转时转入第二区，以开垄法耕地，耕到不能做无环节回转时，将剩下的未耕地结合起来耕翻。此法适于短垄的小区作业。

无环节开闭垄套耕法：采用这种方法，事先要把地块按同一宽度划成四个小区，先在一、三区以套耕法进行外翻，翻完后，转入二、四区，用套耕法进行内翻，最后耕翻地头。此法地头转弯简单，但田间规划要求较严。

第二节　大豆机械化播种

一次播种保全苗是实现大豆高产、稳产的前提，因此要采取可行的方式和方法、必要的增产措施及精细的操作程序。目前大豆种植方式和播种方法较多，但最常用、应用范围最广的是机械精量点播。

一、机械化精量点播的好处和意义

大豆田植株的合理布局，可以扩大绿叶与光的接触面积，提高光合速率，加强呼吸强度，也能扩大根与土壤的接触面积，有效地利用土壤养分，从而增加大豆植株干物质积累，实现增花、保荚、增籽、高产。

机械精量点播是实现上述目标比较先进的技术措施。其主要优点可以概括为“一深”“两定”“两保”“三省”“两增”。“一深”是化肥深施提高肥料利用率（在北部高寒土壤肥沃地区要进行浅施肥）；“两定”是种子均匀定量、等播定位；“两保”是有利于播后保苗、保墒；“三省”是省工、省籽、省钱；“两增”是增产、增收。采用2BT-2型精量点播机播种与一般的播种方法比较，每公顷可以省籽52kg左右，省工7.3倍，提高保苗率10%以上，提高肥料利用率10%以上。

二、播种前准备工作

(一) 种子准备

1. 选用品种

(1) 根据无霜期与积温选用品种。首先要根据当地积温或无霜期，选用适应的熟期类型的品种，保证品种在正常年份能正常成熟，又不浪费有效光热资源。由于品种生育日数、成熟期和活动积温年际间变化大，以当地主栽品种作参照是十分必要的，凡与主栽品种熟期相近的就不会有大的问题。

(2) 根据地势、土壤和水肥条件选用品种。要注意地势、土壤、管理水平等对熟期的影响。岗坡向阳田、沙质土田可选熟期略早些的品种，背阴田或黏质土田可选熟期略晚些的品种；一般来说，条件优越、管理水平高地区可选用熟期稍长、增产潜力大的品种；平川地、排水良好的河套地、二洼地可施较多的肥料，就要选用耐肥、秆强、抗倒的高产品种；瘠薄干旱、施肥量不足地区，应选用适应性强的耐瘠品种。

(3) 根据栽培技术和方法选用品种。窄行密植要选用主茎发达、分枝收敛、秆强抗倒伏的品种；大垄栽培与穴播要选用分枝性强的品种，最好是中短分茎秆直立，单株生产力高的品种；农场机械化栽培要选用秆强不倒、株型收敛、底荚较高、不易炸荚、籽粒不易破碎的品种。

(4) 根据加工企业要求和社会需求选用品种。生产上推行区域化种植，要建立优质品种生产基地，选用品种要服从市场需要。随着市场经济和高产、优质、高效农业的发展，品种优质化、产品商品化倾向更明显，这将成为选用品种的一条重要原则。

(5) 特殊条件下的品种选用问题。在干旱盐碱土地区要选用耐旱、耐瘠、耐盐碱的品种；在孢囊线虫、菌核病为害严重的地区，首先要选用抗病品种。灌水高产大豆栽培，必须选用抗倒伏品种。

2. 精心选种

播前进行机械或人工精选，剔除破瓣、病斑粒、虫蚀粒、青秕粒和其他杂质。精选后的种子应达二级良种以上，纯度98%，发芽率97%以上，含水量不高于13%。

3. 发芽试验

一般要进行两次发芽试验，挑选前试一次，确定有没有选用的价值。如果没有选用价值就更换，有价值就选用。选后再做一次发芽试验，发芽率达到97%以上方可播种。

（二）种子处理

精选后的种子应进行包衣处理，可用ND大豆专用种衣剂，剂量为种子的1%~1.5%。可用包衣机包衣，人工包衣要包全、包匀。

（三）土地准备

选择适宜大豆播种地块，并经过耕作整地，垄作的地块达到垄型平整、土壤疏松、保墒。平作要达到播种状态。

（四）机械准备

机械早检修，达到播种使用状态，备足备齐化肥、农药等物资。

三、大豆播种

（一）播种时期

大豆的播种期一般在4月下旬到5月中旬。各地视条件和品种类型具体确定当地的播期。播种时期对大豆的产量和品质有重要影响。

实践表明，适期早播，大豆先扎根，后长苗，根系发达，利于蹲苗壮秆；播种过早，因地温低，出苗慢，容易感染病害；播种过晚，容易贪青晚熟，遭霜减产。另外，要注意在旱作条件下，存在花期遇雨问题，这是旱作条件下能否获得高产的重要条件之一。

在播种适期内，要因品种类型、土壤墒情等条件确定具体播期。如中晚熟品种应适当早播，保证在霜前成熟；早熟品种就应适当晚播，使其发苗壮棵，提高产量。土壤墒情较差的地块，应当抢墒早播，播后及时镇压；对土壤墒情好的地块，应选定最佳播种期。

（二）播种时间

播种时间是根据大豆栽培的地理位置、气候条件、栽培制度，以及大豆生态类型确定的。就全国来说，春大豆播期为4月25日至5月15日；夏大豆播期为6月1—20日；秋大豆播期为7月25日至8月10日；冬大豆播期为12月1—25日。

（三）田间配种

为了保证播种量准确，并提高播种功效，要按照地块长度、每亩播种量与种子箱容量，计算出加种地点及每点上的种子数量。一般应在地头一端配种，如地号过长，播种机种子箱所装种子不足一个往复时，可在地块两头配种。配种时，应采取“定量装袋，等距加种，往复核对，班次复核，地号结清”的方法，以便根据种子消耗情况，检查播量是否合乎要求，如发现差错应及时检查调整。

（四）播种质量

播种质量是实现一次播种保全苗的关键，保证播种质量主要做好4个环节。

1. 控制播种速度

播种时要机不快开，人不离机，挂二挡小油门，机具后边跟着人。做到下籽均匀，不离位，不断条。

2. 播种深度

根据土壤水分和土壤质地情况确定，以镇压后计算，黑土区播种深度 3~5cm；白浆土及盐碱土区播种深度 3~4cm；风沙土区播种深度 5~6cm。做到播种深浅一致，籽入湿土。

3. 镇压

随播种、随覆土、随镇压，做到覆土严密，镇压适度，无漏无重，抗旱保墒。

4. 播种尺度

垄上播种要对准垄顶中心，偏差度不超过±3cm；随播随起垄，要掌握好方向，垄台间误差不超过±2cm，50m 长播行直线误差不超过 5cm。

（五）播种量检查

一般采用以下几种方法。

（1）顺垄拨开表土，检查落粒数和深度是否合乎要求。

（2）用样板尺检查排种槽轮的长度是否一致。

（3）根据播种一个往复的面积，检查所耗种子量与计算播种量是否相符。

（六）播种前后的镇压

1. 播前镇压

播前镇压要求地面平整，表土与心土紧密结合，以便保墒和控制播种深度。如土壤墒情良好，土质黏重，也可不进行播前镇压。

2. 播后镇压

为了压紧土壤，使土壤与种子紧密接触，以利种子发芽出苗，要进行播后镇压。在干旱地区，播后镇压就显得尤为重要。在风蚀严重地区，播后镇压还有防止风蚀的作用。

3. 镇压工具

镇压工具有两种：一是“V”形镇压器，它的压力较大，碎土能力较强；另一种是环形镇压器，其特点是下透力大，能压实心土，并保持地表疏松，采用这种镇压工具，可减少水分蒸发，并防止地表板结。各地可因地制宜地选用。

第三节　大豆机械化施肥

一、施肥方法

（一）春播种深施

即用播种机（如精量点播机等）在播种时，将肥装入播肥箱内，通过主动轮转动带动播肥齿轮转动，将肥均匀施下，施肥深度控制在种下4~5cm。这种施肥方法使化肥固定在大豆根瘤集中区之下，避免氮素影响根瘤菌固氮。由于化肥位置较深，有利于大豆植株生育旺盛期（花荚期）对养分的需要。

（二）秋整地深施

肥即用整地机或施耕机结合整地起垄，机械深施或破垄夹肥深施，深施表土（镇压后）以下10cm左右。这种方法除具有春深施肥的优点外，还有利于土壤保水和对肥料的缓慢吸收。

二、施肥量测算

保证按技术规定的施肥量，是发挥肥效、提高产量的重要一环。在播种前要计算和调整好播肥量。

三、施肥量与施肥时间

（一）种肥

根据土壤有机质、速效养分含量、过去施肥试验结果、肥料供应水平及所种品种喜肥程度，具体确定各地的施肥量。供参考的经济有效纯量和氮、磷、钾比例：商品量（美国磷酸二铵，尿素，氯化钾，其他肥料自行换算）15～20kg，N：P：K＝1：（1.2～1.5）：（0.5～0.7），岗地白浆土多一些，草甸白浆土次之，最后为草甸土。分三层施入垄体，一层为种肥，种下3～5cm，可施磷酸二铵3～5kg，余下分别施入种下8～10cm的第二层和种下12～14cm的第三层，最好分层、分箱施肥。“深窄密”应增加20%的肥料量。

（二）叶面追肥

大豆开花、荚期和鼓粒期喷施叶面肥2～3次，可以结合防病进行。基本配方为每亩施尿素300g+磷酸二氢钾150g，亦可选用成品叶面肥，具体用法参照其说明。第一遍用机车或航化均可，第二、第三遍以航化为主，要做到剂量准确、喷液量充足、不重不漏。

四、大豆深施化肥技术

大豆是一种具有固氮能力的作物，它能从空气中将分子态的氮转化为化合态氮为自身所用，即固氮。但大豆一生中约有60%的氮需要从土壤中获得，40%靠自身固氮获得，如满足不了它的需要就会影响产量。因此在不能提供充足养分的大豆土壤中，必须增施氮肥。但是，有时大豆施氮增产不显著或者不增产，主要是施氮影响根瘤菌固氮活性，从而降低固氮量。如果氮肥不与根瘤区的根系直接接触或者是少接触，就能避免影响固氮。生产上常采用深施氮肥的技术，解决这个问题。另外，大豆根系在土壤中分布比较宽广，将肥散施在土壤中，与根系较大面积地接触，从而提高化肥的利用率。

秋深施肥通过秋天机械整地深施与破垄夹肥；春深施肥通过播种深施与春整地深施。这几种施肥方法，都可以达到既可以不影响根瘤固氮又能使肥与根充分接触，满足全生育期需要，提高肥料利用率的目的，特别是秋深施肥更为理想。化肥深施入土壤，经过秋、冬、春漫长的转化，氮肥转化成铵离子或硝酸离子，被土壤均匀吸附，氮肥转化成了土壤中的速效氮，这样既可缓慢供给大豆生长，又不影响大豆根瘤固氮，达到增产目的。

第四节 大豆机械化除草

大豆田间杂草有 50 多种，但为害严重的有 10 多种，如稗草、蓼吊子、藜、苍耳、问荆、刺儿菜等。这些杂草随着气温的变化以及墒情的好坏，分期分批出土。4 月上旬，气温在 0.5~6℃，苦荬菜、蒲公英、问荆等越冬性杂草开始萌发出土，但密度较小，为害较轻。4 月末至 5 月初，气温上升至5~12℃时，藜、蓼吊子、问荆等大量出现。

5 月中旬至 6 月中旬，气温稳定在 10℃以上，稗草、狗尾草、苍耳等大量萌发。这批杂草密度大、来势猛、分布广，与大豆同期出土，如果不能及时除掉，为害很大。6 月中旬至 7 月上旬，地温上升到 16~20℃，加上雨季来临，潜伏性杂草再次大量萌发出土，如稗草、藜等，往往形成后期超高大草，为害也很大。

7 月中旬以后，由于大豆生育繁茂，郁闭封垄，再次萌动的杂草则不易长起来。

大豆地杂草虽然具有繁殖力高、适应性强、传播广的特

点，但也有其一定的脆弱性。一是多数杂草种子小，拱土能力弱，如红蓼种子在 7cm 以下、稗草在 10cm 以下，都不能出土；二是杂草在白芽期根系细弱，未形成纤维，极易失水枯死。只要人们能认识与掌握杂草的生活规律，针对它的脆弱性，采取相应的综合措施，杂草是能被消灭的。根据杂草的特点，除草必须坚持“除早、除小、除了”的原则。

一、机械化除草的方法

（一）深松耕作体系的机械化除草

深松耕作体系，由于不翻转土层，造成杂草种子全层衍生，所以除草可按茬口的不同，采取相应措施。

1. 麦茬除草措施

在深松耕作体系中，麦茬一般采取搅垄深松的方法即在麦收后及早搅垄。这样才能将部分杂草消灭在种子成熟以前，减少杂草种子的来源。在此基础上，对已成熟落地的杂草种子使其早萌发，消灭在为害之前。就是在麦收后，先耙茬，然后搅垄，为草籽早萌发创造条件，在搅垄 10~15d 后，大部分草籽萌发出土，及时蹚土扶垄，就可将大部杂草消灭在初发阶段。在大豆生育期，再配合中耕除草，就可基本控制住杂草。

2. 玉米茬除草措施

准备原垄卡种大豆的玉米茬，在除草上应掌握以下几个要点：一是要做好田间清理，以减少杂草来源；二是要做好耢垄除茬，将杂草种子都耢到垄沟里，以保持大豆苗眼的清洁；三是在大豆苗期，及时进行垄沟深松，消灭垄沟里的杂草；四是配合 2~3 次中耕除草，这样就基本上可以消除杂草的为害。

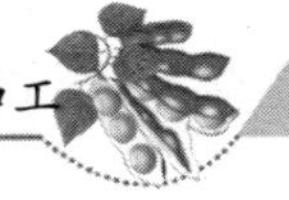

（二）平翻耕作体系的机械化除草

平翻耕法的特点是翻转上层，加上翻后耙耢，导致耕层杂草丛生，因而给机械化除草造成很大困难，如不采取多项除草措施，很难消除杂草为害。可采取以下综合除草措施。

1. 封闭除草

在播种前，用中耕机安装大鸭掌齿，配齐翼形齿，进行全面封闭浅中耕除草。在中耕机后边拖带钉齿耙，耕后土碎地平，既有利于保墒防旱，又提高灭草效果。据调查，封闭除草的杀草率可达85%以上。在杂草严重的地块采用此法，除草效率高，效果好。

2. 苗前耙与苗后耙

苗前耙，是利用杂草生长阶段的脆弱期与大豆出土物候期上的差异，用轻型或中型钉齿耙进行耙地除草。苗前耙具有伤苗少、灭草多的优点，因此在耙地除草上，应以苗前耙为重点。苗后耙，伤苗重，容易造成缺苗断垄，不宜广泛应用。但草荒严重地块，仍需实行苗后耙。

苗前耙，必须抓住3个环节。一是要适时。就是要在大豆萌动扎根到子叶拱土，离地表2cm以下的时期，为苗前耙的适宜时期。豆瓣拱土勾头至子叶展开为禁耙期。苗后耙也要掌握适时，大豆一对真叶展开到第一对复叶展开，株高10cm左右，茎秆纤维已形成，是苗后耙的适期。苗高超过15cm后耙地，则易引起伤苗。“看苗情”，就是要在杂草生长的脆弱期，即白芽期，及时进行苗前耙，以提高杀草率。“看天气”，就是在晴天，露水落后进行。“看墒情”，就是在土壤水分适宜时进行，防止过湿时耙地伤苗多、灭草少。二是选用适宜机具。地松应选用轻型机具；地硬应选用中型钉齿耙。在耙前应按要求做好校正和连接，达到齿长、角度、齿距一致。三是坚持标准作业。苗耙方向，以斜耙或横耙为好，切忌顺耙。苗前耙可以高速作业，苗后耙则以三速为限。要经常清理耙齿，防止伤苗、埋苗。

3. 蒙头土

蒙头土是利用豆芽拱土能力强、杂草芽拱土能力弱的特点采取的一项除草措施。它是在草苗齐出的情况下，压住草势，争取灭草主动权的应急办法。蒙头土技术要求高，时间要求严。当大豆勾头期至子叶与幼根呈30°~90°角时，为蒙头土的最适期，此期只有3~5d。蒙头土必须严格掌握在最适期内进行，过早等于增加播种深度，影响大豆适时出苗；过晚大豆子叶已张开，易遭受蒙头土压抑。蒙头土的厚度以2~3cm为宜，过浅灭草效果差，过深影响大豆出苗。蒙头土用中耕机，配带27cm锄铲，并带分土板，后边拖带直径8cm、长1m的木棒，以便刮去多余的土，每根木棒刮两行。如果土壤湿度大、土质黏重、整地质量差，都不宜采用蒙头土的办法，否则会造成缺苗断垄。

4. 苗间除草

在大豆苗期，用中耕苗眼除草机，边中耕边除草。这个措施具有疏松苗眼土、消灭苗眼草、伤苗少的优点。苗眼除草，要根据苗情、草情、墒情掌握除草时机。在苗情上，在大豆一对真叶展开至第三片复叶展开，即株高10~15cm时为苗间除草适宜时期。在草情上，要在子叶1~2片时进行。在墒情上，要掌握土壤湿度适中，阴雨天或湿度大时不宜进行。锄齿入土深度，一般以2~4cm为宜，过深伤苗多，过浅杀草效果差。

5. 中耕培土

(1) 中耕次数。大豆中耕次数，一般3~4次。在第一片复叶展开时，进行第一次中耕；株高25~30cm时进行第二次中耕；插墒（封垄）前进行第三次中耕。次数和时间都不是

固定的，要因草情、苗情、天气等条件灵活掌握。

（2）中耕深度。第一次中耕深度以 15～18cm 为宜，或于垄沟深松 18～20cm，要垄沟和垄帮有较厚的活土层，尘犁土不应少于 5cm。第二次中耕深度以 8～12cm 为宜，这次中耕可以高速作业，以提高拥上挤压苗间草的效果。第三次仍以 8～12cm 为宜，要注意保持土壤清洁层，防止伤根或培成小垄，以利机械收割。但在低洼地应注意培高垄，以利排涝。上述 3 次中耕的深度变化，一般是深—浅—浅。

（3）中耕机具作用。在中耕作业中，根据土壤、苗情、各次中耕作业的质量要求，配置不同的中耕锄铲。

单翼铲、杆齿和双翼铲的配置：这种配置具有深中耕、灭杂草、疏松土壤、保墒良好等特点。但应注意在安装单翼铲时，要前后错开。为了提高灭草保苗效果，要在单翼铲前端焊接一个扁形铁板，使之纵向切土圆滑，以免缠草、冲土、埋苗。

两个双翼铲和单翼铲的配置：这种配置具有分层中耕、阻力较小、土层疏松、层次不乱的优点，在安装上，要注意双翼铲前后配置，以便分层中耕松土。在一般条件下，调整双翼铲与单翼铲的相对位置，可以收到较好效果。

滚动圆盘、双翼铲和杆齿的配置：这种配置具有纵向切土能力强的特点，适于黏重土壤以及坷垃大、残株多的地块作业。

杆齿和双翼铲的配置：这种配置有利于进行深松土，但作业面窄、护苗带宽，灭草性能不如单翼铲，同时，深松时易起大土块压苗。

护苗器：为了在中耕作业中，既能保护豆苗，又能有利于碎土压草，要在双翼铲后部 15～20cm 处安装护苗器。护苗器有板状、栅状、盒状、盘状等类型，适于各种不同情况，选用时应因地制宜。在安装时，板状和盒状护苗器应离地面 2～

3cm，栅状护苗器可以托在地表，既能防止压苗，又能使碎土进入苗眼压草。

二、大豆化学除草

化学除草要重视除草剂品种和配方的选择及经济效益、生态效益、社会效益，合理使用除草剂，要重视除草剂品种结构的调整。

（一）坚持标准作业，防止药害

（1）认真执行喷雾机械的正确调整和使用规章制度，在作业前用喷雾机调试台调整喷雾机是关键措施。

（2）超低容量喷雾机（器）要限制使用。大豆田喷洒杂草焚（达克尔）、克阔乐、苯达松、虎威、阔叶散、普施特，禁止用超低容量喷雾机（器）进行超低容量喷雾。

（二）飞机喷洒除草剂技术

飞机具有喷洒均匀、保墒、抢农时、效益高等特点。喷洒苗前除草剂要把地整平耙细，喷洒氟乐灵、灭草猛等易挥发除草剂。

1. 喷液量

土壤处理，空中农夫每公顷 20~25L；M-18 每公顷 20~25L；运 5 每公顷 40~50L；运 11 每公顷 40L。

喷头：空中农夫选用 8015 型 29~31 个；M-18 选用 B2 型 75 个、B5 型 44 个；运 5 选用民航设备制造厂生产的 7616-4001 型狭缝式喷头；运 11 应淘汰陈旧喷洒设备，更换 7616-400 狭缝式喷头。

2. 飞行高度

土壤处理，空中农夫、M-18 为 3m 左右，不能超过 4m；运 5 为 5~7m；运 11 为 3~4m（如旧设备应适当提高飞行高度，为 5~7m）。

喷幅：空中农夫，大豆土壤处理 18m，苗后茎叶处理 20m；M-18，大豆土壤处理为 25m，大豆苗后茎叶处理为 40m；运 5 为 50m；运 11 为 40~45m。

(三) 航化作业中药害的防止

1. 药剂选择

有几种除草剂在飞机航化作业中应特别注意，普施特、广灭灵、阔叶散在作物出苗后绝对不能使用。大豆灭草的忌避作物有小麦、玉米、水稻、瓜类、蔬菜及经济作物。

2. 信号员

信号员是引导飞机作业的地面标志，飞行员按地面信号的引导进行作业。信号员在作业前要进行集中培训，飞机进地前 20 分钟到达指定地点，手拿标准的红、白、橘黄色信号旗，站位准确，从下风头向上风头引导飞机。

3. 气象条件

下风头有忌避作物，除草作业风速大于或等于 5m/s，气温超过 28℃，相对湿度低于 65%及晴天 8—17 时要禁止作业。

(四) 大豆除草剂的选择

选择大豆除草剂首先应坚持杀草谱宽、持效期适中(1.5~3 个月)、不影响后茬作物的原则，以土壤处理为主(应占 80%以上)，以苗后茎叶处理为辅，尽量采用秋施和春季苗前施药及混土施药法。

苗前施药比苗后施药药效稳定、成本略低、产量高、效益好。秋施药又比春季苗前施药效果稳定、产量高。苗后施药一般比苗前每公顷成本高 15~30 元。苗后受雨水影响或错过时机，易产生药害及杂草竞争，至少减产 10%，多者减产 30%~40%。

目前，市售大豆除草剂近 30 种。价格高低与安全性、药

效和产量紧密相关。价格高的安全性好、药效好；价格低的需要使用者技术水平高，对使用条件要求严格，在土地条件好，如岗地、平地、壮苗、大豆病虫为害轻的，采用降低用量混用或分期施药、秋施等措施，也可获得好的安全性和较高的产量，但在低洼地很难做到。

三、大豆田难治杂草防除

（一）鸭跖草

秋施、春季播前施药、播后苗前施药（施药最好浅混土或培土 2cm）可利用的除草剂如下：75%宝收每公顷 15~25g；72%都尔每公顷2 500~3 500mL；96%金都尔每公顷1 300~1 800mL；72%普乐宝（异丙草胺）每公顷2 500~3 500mL；50%乐丰宝每公顷3 000~5 000mL；48%广灭灵每公顷1 000~1 500mL（拱土期施药最好）；5%普施特1 500mL（拱土期施药最好）；80%阔草清每公顷 60~75g；50%速收每公顷 150~180g。

早春气温低，鸭跖草出苗早，生长发育比大豆快，大豆真叶期到一片复叶期，鸭跖草到3叶期，此时可用虎威（氟磺胺草醚）、排草丹与广灭灵混用，在干旱条件下一定要加除草剂助剂药笑宝、信得宝或快得7等，才能有好的药效。可用25%虎威（氟磺胺草醚）每公顷 750mL+48%广灭灵 750mL 或 25%虎威（氟横胺草醚）600mL+48%广灭灵 600mL+药笑宝或信得宝用喷液量 0.5%~1%或 48%排草丹（灭草松）每公顷 150mL+48%广灭灵 750mL 或 48%排草丹（灭草松）每公顷 1 200mL+48%广灭灵 600mL 加药笑宝或信得宝或快得7，用喷液量0.5%~1%。

大豆2片复叶期防治4~5叶有分枝的大龄鸭跖草应采用2次施药，考虑到对大豆的安全性，第一遍选用排草丹+广灭灵或虎威（氟磺胺草醚）+广灭灵或虎威或克美灵，间隔5~7d

用第二遍除草剂，选用排草丹+广灭灵，一定要加除草剂喷雾助剂药笑宝、信得宝。

（二）苣荬菜、刺儿菜、大刺儿菜（大蓟）

深翻整地，可消灭70%~80%，通过整地把苣荬菜地下根茎切成小段，易于用除草剂防治。前茬小麦用巨星、宝收防治。

大豆播前或播后苗前可采用的除草剂：48%广灭灵每公顷用1 000~1 500mL（最好拱土期施药）；75%宝收每公顷用30~40g；80%阔草清每公顷60~75g。苗后可采用的除草剂：48%排草丹每公顷用3 000mL；25%虎威（氟磺胺草醚）每公顷用1 500 mL；48%广灭灵每公顷750mL+48%排草丹1 500mL；48%广灭灵每公顷750mL+25%虎威（氟磺胺草醚）1 200mL；48%广灭灵每公顷600mL+48%排草丹1 200 mL+药笑宝或信得宝或快得7，喷液量0.5%~1%。

（三）问荆

深翻整地，可消灭70%~80%的杂草。通过翻耙整地可将问荆地下根茎切成小段，易于用除草剂防治；大豆苗后，可用25%虎威（氟磺胺草醚）每公顷用1 500mL；48%广灭灵每公顷用750~1 000mL，大豆拱土期或苗后早期施药；48%广灭灵每公顷8mL+25%虎威600mL+药笑宝或信得宝或快得7，喷液量0.5%~1.0%。

（四）芦苇

通过翻耙整地把芦苇地下根茎切成小段，易于用除草剂防治。大豆苗后芦苇40~50cm，用15%精稳杀得每公顷2 000 mL；5%精禾草克每公顷2 000mL；10.8%高效盖草能每公顷1 000mL；15%精稳杀得加8倍的水稀释，用涂抹施药法防治。

第五节　大豆机收减损

一、收割时间

大豆机械化收获的时间要求严格，收获过早，籽粒尚未充分成熟，百粒重、蛋白质和脂肪的含量均低；收获太晚，大豆失水过多，会造成大量炸荚掉粒。因此，必须准确掌握大豆适宜收获期。

二、收割方法

（一）直接收割

直接收割，就是用联合收获机直接收获。采用此法，要把收割台下降前移，降低割茬，还应尽量应用小收割台，以减少收获损失。为了防止炸荚，减轻木翻轮对大豆植株的打击，可在木翻轮上增钉帆布袋、橡皮条或改装偏心木翻轮。另外，要加高挡风板，以防止豆粒外溅。每台车要有长短两条滚筒皮带，以便根据植株含水量、喂入量、破碎粒等情况，随时调换皮带，调整滚筒转数，以便脱粒干净和减少破碎粒。滚筒的转数，一般以 500 ~ 700r/min 为宜。大豆“深窄密”适宜直接收割。

（二）分段收割

分段收割，就是先用割晒机或经过改装的联合收获机，把大豆割倒铺开，待晾晒干后，再用联合收获机安装拾禾器拾禾并脱粒的收获方法。分段收获与直接收获比较，具有收割早、损失小、炸荚、豆粒破碎和“泥花脸”少的优点。为了提高拾禾工效，减少损失，要在拾禾的当天早晨尚有露水时，进行人工并铺，一般将三趟并成一趟。单铺拾禾每公顷损失26.25kg，双铺拾禾损失11.25kg，三铺拾禾仅损失6.75kg。并铺时，要求连续不断空，厚薄一致。割晒的大豆铺，应与机车前进方向是30°角，每6~8垄一趟铺子，豆铺必须放在垄台上，豆枝与豆枝要相互搭接，以防拾禾时掉枝。遇雨时要及时翻晒，干燥后要及时拾禾脱粒。

三、提高收获质量

提高收获质量，是保证大豆丰产丰收的重要环节。减少“泥花脸”和降低破碎粒率，则是提高收获质量的重要课题。因此，要搞好机具检修，堵塞各种漏洞，以提高收获技术。

第六节　大豆加工

榨油工艺是一个细致的工作过程。首先是要通过筛子、吸风机、磁选等除去所有杂质，杂质含量应在0.3%以下，然后进行软化，使豆温保持在50~70℃，水分13%，便能压成薄而均匀的粒，方法可采用蒸锅直接蒸气调节水分。工厂可采用蒸汽加热并调节水分。通过石辗或立式联辊压粒机轧成薄而均匀的片状，粒的厚度为0.2mm，再进行蒸炒，生粒经过加热，使蛋白质变性凝聚，提高出油率。采用锅或双层锅以及干燥直接加热。如采用自动螺旋榨油机，要求水分在9%~10%，温度100℃以上。之后包饼上垛，除自动螺旋式连续榨油机外，人力螺旋榨油机，压榨前需作饼，可采用“草或无草饼圈”的方法。最后是压榨，熟粒准备好以后，送入榨油机中进行压榨。压榨时，要保持适宜的入榨粒的水分、温度和饼的厚度。通常压力越大，出油越多，压榨时间也越短，例如自动螺旋榨油机只需2~3min，而水压机需经4~5h。目前农村采用人工螺旋榨、水压机和自动螺旋榨等。压榨出的油含有一些夹杂物，如蛋白质、磷脂、游离脂肪酸、色素以及少量水分，影响油的质量、品质和耐贮性。

目前常用的精制方法有水化法和碱炼法。水化法就是利用磷脂的亲水性，加入适量的水分，使磷脂吸收水分后体积膨胀，比重增加而沉淀同时还吸附着其他杂质一并沉出。具体操作，先将毛油注入底为圆锥形的炼油锅内，用蒸汽或微火将油加热到50~60℃，并加入占油量1%~3%的70℃热水，不断搅拌，至呈乳黄色时可停止搅拌，静止沉淀6~8h即可取出，油尚含有较高的水分，故应加热至105℃去除水分。碱炼法就是加碱精制主要是除掉游离脂肪酸及可溶性蛋白质等。碱与游离脂肪酸作用产生絮状肥皂，肥皂又以其泡沫及附其他杂质而析离出来，再用压滤机过滤，然后用热水及食盐液除去残存的碱液，最后经过加热去掉水分后即到纯净的食用油。

主要参考文献

高凤菊，赵文路，2021. 玉米大豆间作精简高效栽培技术［M］. 北京：中国农业科学技术出版社.

龚振平，马春梅，2022. 大豆优质轻简高效栽培技术宝典［M］. 北京：中国水利水电出版社.

李小红，王利群，2012. 大豆栽培与加工实用技术［M］. 长沙：中南大学出版社.

薛晨晨，2020. 大豆优质高效绿色生产技术［M］. 南京：江苏凤凰科学技术出版社.

朱建飞，刘欢，2022. 大豆制品生产技术［M］. 北京：化学工业出版社.

周春燕，2017. 大豆虫害豆叶螨形态特征及防治方法探析［J］. 农业灾害研究，7（4-5）：17-18，36.